计算机硬件维修丛书

系统安装、维护及故障排除实战

王红军 等编著

U0306758

机械工业出版社

本书由资深计算机硬件工程师精心编写，讲解了安装操作系统前的准备、分区与格式化硬盘、安装前的 UEFI BIOS 设置、安装快速启动的 Windows 10 系统、安装快速启动的 Windows 8 系统、快速安装多操作系统、硬件驱动程序安装及设置、电脑上网及组建家庭无线局域网、优化 Windows 以提高运行速度、快速重装 Windows 8/10 系统、备份系统和恢复系统、恢复丢失的电脑数据、电脑安全加密、电脑故障分析和诊断方法、Windows 系统启动与关机故障维修实战、电脑死机和蓝屏故障维修实战、Windows 系统错误故障维修实战、网络故障维修实战、病毒和木马故障维修实战。

本书每一章都配有多个任务和实例，采用图解的方式讲解。这样可以避免纯理论讲解的枯燥，提高书籍的实用性和可阅读性，使读者不但可以掌握操作系统的安装、维护及故障排除方法，还可以从大量的故障维修实战中积累维修经验，提高实战技能。

本书内容由浅入深、案例丰富、图文并茂、易学实用，不仅可以作为从事电脑维护维修工作的专业人员的使用手册，而且可以作为普通电脑用户的指导用书，同时也可作为大、中专院校相关专业及培训机构师生的参考书。

图书在版编目（CIP）数据

系统安装、维护及故障排除实战/王红军等编著．—北京：机械工业出版社，2017.12

（计算机硬件维修丛书）

ISBN 978-7-111-58276-2

Ⅰ. ①系… Ⅱ. ①王… Ⅲ. ①计算机维护 Ⅳ. ①TP306

中国版本图书馆 CIP 数据核字（2017）第 253771 号

机械工业出版社（北京市百万庄大街22号 邮政编码100037）
策划编辑：王海霞 责任编辑：王海霞
责任校对：张艳霞 责任印制：张 博
三河市国英印务有限公司印刷

2017 年 11 月第 1 版·第 1 次印刷
184mm×260mm·16.25 印张·390 千字
0001-3000 册
标准书号：ISBN 978-7-111-58276-2
定价：55.00 元

凡购本书，如有缺页、倒页、脱页，由本社发行部调换

电话服务	网络服务
服务咨询热线：（010）88361066	机工官网：www.cmpbook.com
读者购书热线：（010）68326294	机工官博：weibo.com/cmp1952
（010）88379203	教育服务网：www.cmpedu.com
封面无防伪标均为盗版	金 书 网：www.golden-book.com

前　　言

《系统安装、维护及故障排除实战》一书采用任务驱动模式进行展开，每一章都配有多个实战任务，同时采用图解的方式进行讲解。这样可以避免纯理论讲解，提高书籍的实用性和阅读性，使读者不但可以掌握操作系统的安装、维护及故障排除方法，还可以从大量的故障维修实战案例中积累维修经验，提高实战技能。

本书写作目的

作为一名电脑维护维修工作人员，笔者发现很多用户在遇到一些非常简单的系统软件方面的故障时却束手无策，比如软件无法打开、系统死机等，送到店里来维修。再比如，一个用户发现显卡"坏"了，买了新的显卡，但经过检测发现是显卡驱动程序问题，显卡本身没问题。编写本书的目的在于让读者了解电脑系统的安装重装方法，掌握电脑系统故障的基本处理技能，而不必"病急乱投医"。

本书主要内容

本书分为 19 章，内容包括：
（1）安装操作系统前的准备，（2）分区与格式化硬盘，（3）安装前的 UEFI BIOS 设置，（4）安装快速启动的 Windows 10 系统，（5）安装快速启动的 Windows 8 系统，（6）快速安装多操作系统，（7）硬件驱动程序安装及设置，（8）电脑上网及组建家庭无线局域网，（9）优化 Windows 以提高运行速度，（10）快速重装 Windows 8/10 系统，（11）备份系统和恢复系统，（12）恢复丢失的电脑数据，（13）电脑安全加密，（14）电脑故障分析和诊断方法，（15）Windows 系统启动与关机故障维修实战，（16）电脑死机和蓝屏故障维修实战，（17）Windows 系统错误故障维修实战，（18）网络故障维修实战，（19）病毒和木马故障维修实战。

本书特色

1. 知行合一

本书采用"知识储备＋实战"的模式进行展开，围绕系统的安装重装、维护及故障排除整理必备的理论知识和实战案例。知识讲解部分采用问答形式进行编写，提高可读性；实战案例部分采用任务驱动模式编写，又融合了理论知识，理论和实践融会贯通。

2. 思路清晰

"授人鱼不如授人以渔"，笔者针对各种系统故障总结了诊断方法和思路。这些故障诊断方法和思路凝聚了笔者多年的实战经验，读者可以在遇到问题时根据提供的诊断方法和思路"抽丝剥茧"，找到问题所在，也可以查找实战案例，寻求解决办法。

3. 实操图解

本书实战案例以电脑实操为背景，以大量实操图片配合文字讲解，系统地讲解各种电脑应用及维修技能，既生动形象，又简单易懂，让读者轻松掌握相关技能。

本书适合的阅读群体

本书适合以下几类读者阅读：

- 从事电脑组装与维修工作的专业人员；
- 普通电脑用户；
- 企业中负责电脑维护的工作人员；
- 大、中专院校相关专业及培训机构的师生。

除署名作者外，参加本书编写的人员还有王红明、马广明、丁凤、韩佶洋、多国华、多国明、李传波、杨辉、贺鹏、连俊英、孙丽萍、张军、张宝利、高宏泽、刘冲、丁珊珊、尹学凤、屈晓强、韩海英、程金伟、陶晶、高红军、付新起、多孟琦、韩琴、王伟伟、刘继任、尹腾蛟、田宏强、齐叶红、多孟琦。在此向他们表示感谢！

由于作者水平有限，书中难免出现遗漏和不足之处，恳请社会业界同人及读者朋友提出宝贵意见和真诚的批评。

目　录

第1章

安装操作系统前的准备

学习目标

1. 掌握启动盘的制作和应用方法
2. 了解电脑的启动原理
3. 掌握安装快速启动系统的方法
4. 掌握操作系统的安装流程
5. 掌握查看电脑主要硬件信息的方法

学习效果

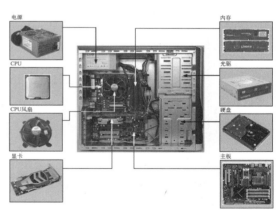

要想掌握电脑系统的维护维修技术，首先需要了解电脑的结构、各个部件的工作特性，电脑的启动原理、维修工具，以及系统安装前的准备工作等。这样才能在维护维修系统时，做到心中有数，快速处理故障，本章讲解上述内容。

1.1　知识储备

1.1.1　系统安装重装工具——应急启动盘

在用户使用电脑的过程中，电脑故障可能造成电脑不能启动。要检查出电脑的故障，很多时候必须进入操作系统，这时必须从光盘或 U 盘系统盘启动，因此，备一张完整的系统应急启动盘就很有必要。这张系统盘可以称为应急启动光盘或应急启动 U 盘。

■　问答 1：什么是应急启动盘？

应急启动盘很重要，当电脑系统崩溃而无法启动的时候，应急启动盘就成"救命稻草"了。应急启动盘，顾名思义，就是用来启动电脑的盘，这个盘可以是软盘、光盘、U 盘或其他盘，现在使用的启动盘主要是光盘和 U 盘。正常状况下，电脑都是从硬盘启动的，不会用到应急启动盘。应急启动盘只有在装机或系统崩溃时，修复电脑系统或备份系统损坏的电脑中的数据时才会使用，即它的主要用处就是安装系统和维护系统。图 1-1 所示为应急启动光盘中的文件。

应急启动盘中的第1扇区里都会存有系统启动所必需的启动文件和用来修复电脑的必要工具软件。应急启动盘不仅可以用来启动系统，而且可以用来分区和格式化硬盘

图 1-1　应急启动光盘中的文件

因此，手头常备一张应急启动盘是非常重要的，这样可以确保即使电脑出现故障无法启动，用户也可通过启动盘启动电脑从而保留重要的系统数据和设置。

■　问答 2：应急启动盘是怎么来的？

从 Windows 95 开始，Windows 系统就支持创建这样一张能够启动电脑的软盘，Windows 2000 系统和 Windows XP 系统的"启动盘"是需要 4 张软盘的一个小型操作系统，通过它可以完成修复系统文件等工作，Windows 称它们为"系统恢复磁盘"。实际上，它是 Windows

安装程序的一部分。

另外，微软在 2002 年 7 月 22 日发布了 Windows Preinstallation Environment（Windows PE）系统，即 Windows 预安装环境，如图 1-2 所示。它是带有限服务的最小 Win32 子系统，基于以保护模式运行的 Windows XP Professional 内核。它包括运行 Windows 安装程序及脚本、连接网络共享、自动化基本过程以及执行硬件验证所需的最小功能。换句话说，可以把 Windows PE 看作是一个只拥有最少核心服务的 Mini 操作系统。同时，在 Windows Vista 操作系统发布后，也发布了 Windows PE 2.0 预安装环境。

当电脑出现故障而无法启动时，用户可以用 Windows PE 预安装环境来启动电脑，对电脑系统进行修复。因此 Windows PE 可以作为安装、维护与维修电脑时的工具

图 1-2　Windows PE 系统

问答 3：应急启动盘有何作用？

应急启动盘的主要作用如下。

（1）在系统崩溃时，用应急启动盘恢复被删除或被破坏的系统文件等。

（2）当电脑感染了不能在 Windows 正常模式下清除的病毒时，用应急启动盘启动电脑并彻底删除这些顽固病毒。

（3）用启动盘启动系统，并测试一些软件。

（4）用启动盘启动系统，并运行硬盘修复工具，解决硬盘坏道等问题。

1.1.2　多媒体电脑的组成

问答 1：你知道多媒体电脑都由什么部件组成吗？

目前，人们日常使用的电脑主要包括台式电脑和笔记本电脑。电脑主要由硬件和软件组成。这里的"硬件"指的是电脑的物理部件，包括显示器、键盘、鼠标、主机等，如图 1-3 所示；软件指的是指导硬件完成任务的一系列程序指令，即用来管理和操作硬件的软件，如 Windows 10、办公软件、浏览器、游戏等。

多媒体电脑除包括液晶显示器、主机、键盘、鼠标等主要部件外，还包括摄像头、打印机、音箱或耳机等。启动电脑后，用户可以看到电脑中安装的操作系统、应用软件办公软件、工具软件、游戏软件等。

问答 2：电脑的软件系统是什么？

软件系统由操作系统软件及应用软件组成，它是电脑系统所使用的各种程序的总称。软件的主体存储在外存储器（硬盘）中，用户通过软件系统对电脑进行控制并与电脑系统进

图 1-3　多媒体电脑

a) 台式电脑　b) 笔记本电脑

行信息交换，使电脑按照用户的意图完成预定的任务。

软件系统和硬件系统共同构成电脑系统，两者是相辅相成、缺一不可的。电脑要执行任务，软件需要通过硬件进行四项基本功能：输入、处理、存储和输出，同时，在硬件部件之间传递数据和指令，如图 1-4 所示。

软件系统一般可分为操作系统和应用软件两大类。

（1）操作系统

操作系统主要负责管理电脑硬件与电脑软件资源，它是电脑系统的核心与基石。操作系统身负诸如管理与配置内部存储器、决定系统资源供需的优先次序、控制输入与输出装置、操作网络与管理文件系统等基本事务。操作系统还提供一个让用户与系统互动的操作接口。图 1-5 所示为操作系统与硬件及应用程序软件的关系。

常用的操作系统有 Windows 10/8/7 操作系统、Linux 操作系统、UNIX 操作系统、服务

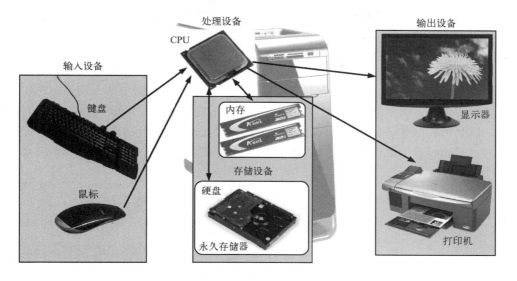

图1-4 电脑硬件组成

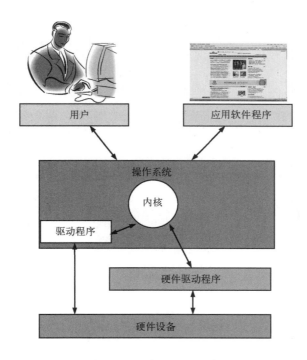

图1-5 操作系统与硬件及应用程序软件的关系

器操作系统等。

（2）应用软件

应用软件是用各种程序设计语言编制的应用程序的集合。应用软件是为满足用户不同领域、不同问题的应用需求而提供的那部分软件。它可以拓宽电脑系统的应用领域，扩展硬件的功能，如 Office 办公软件、WPS 办公软件、视频播放软件、图像处理软件、网页制作软件、游戏、杀毒软件等。

　■　**问答3：电脑硬件系统各部件的作用是什么?**

　　所谓硬件，是指电脑的物理部件，就是用手能摸得着的实物。电脑的硬件系统通常由显示器、主机、键盘、鼠标、音箱、打印机等组成。其中，显示器的主要作用是把电脑处理完的结果显示出来，目前主流的显示器是 LED 液晶显示器；主机是电脑的核心，其内部安装了主板、CPU 等核心部件；键盘和鼠标是用来输入信息和指挥电脑主机工作的；音箱是播放声音的；打印机可以把电脑中的文字和图片打印到纸上。各个部件的具体作用如图1-6所示。

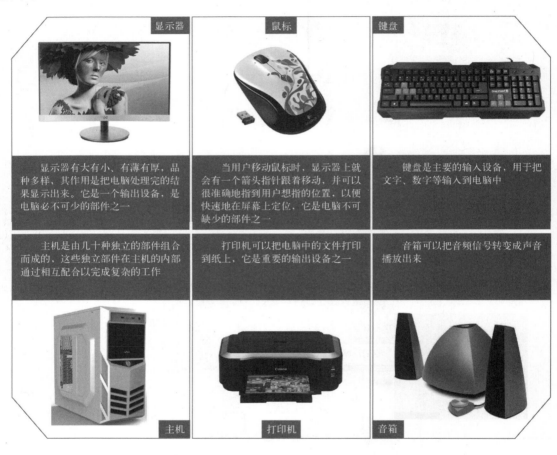

图1-6　电脑硬件系统各部件的作用

　　电脑的硬件系统主要用于完成输入、处理、存储和输出等功能。这些部件看似是独立的硬件设备，其实它们之间存在着密切的联系，所以只要用户用键盘或鼠标向电脑进行输入操作，各个设备间就会传送数据，共同完成用户的任务。硬件系统各部件之间的联系如图1-7所示。

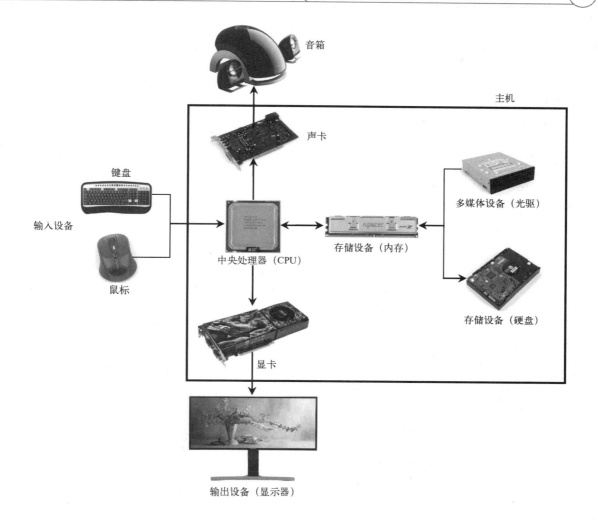

图 1-7 电脑硬件系统各部件之间的联系

1.1.3 电脑主机内部详解

电脑主机可以说是整个电脑的中心，在它的内部不但有电脑的大脑——CPU，还有电脑的存储器——内存和硬盘，另外还包括主板、显卡、ATX 电源等重要设备。图 1-8 所示为电脑主机的内部结构。

另外，机箱内还有各种线缆。这些线缆主要分为两种类型：第一种是用于设备间互连的数据线；第二种是用于供电的电源线。数据线一般是红色窄扁平线缆，或宽扁平线缆（也称为排线），电源线是细圆的。图 1-9 所示为主机内部的数据线和电源线。

■ 问答 1：主板在电脑中有何作用？

主机中最大、最重要的部分就是主板，也称为母版。因为所有的设备都必须与主板上

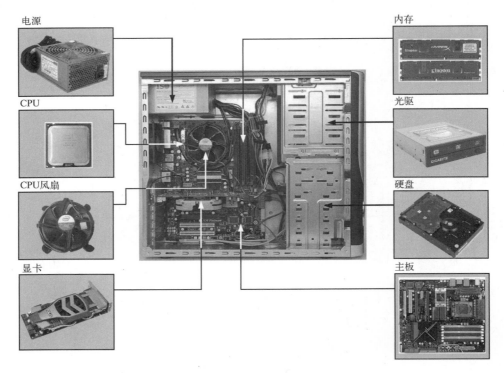

图 1-8　电脑主机的内部结构

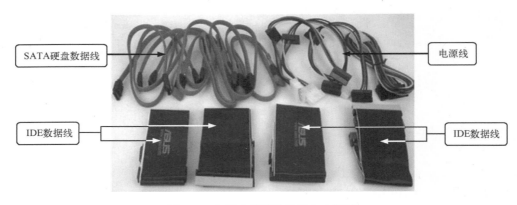

图 1-9　主机内部的数据线和电源线

的 CPU 通信，所以这些设备或者直接安装在主板上，或者通过主板端口及线缆直接连接到主板上，或者通过扩展卡间接连接到主板上。图 1-10 所示为主板的主要部件及各种接口。

　　从图中可以看到，主板露在外面的一些端口中，一般包括 4 ~ 8 个 USB 接口（可以连接 U 盘、打印机、扫描仪、数字照相机、鼠标等设备）、一个 PS/2 键盘接口、一个 PS/2 鼠标接口、1 ~ 2 个网络接口、一个 1394 接口（连接数字摄像机等设备）、一个 eSATA 接口（连接 SATA 硬盘）、多个音频接口（连接音箱、话筒等设备）。

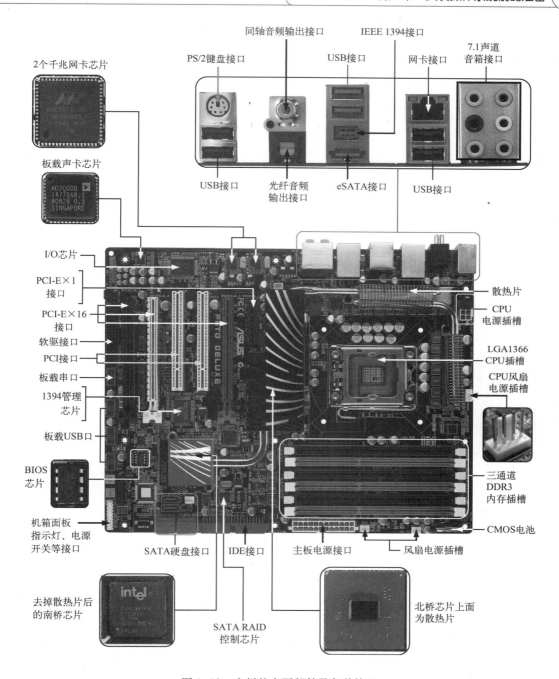

图1-10 主板的主要部件及各种接口

问答2: CPU 在电脑中有何作用?

CPU (Central Processing Unit, 微处理器或处理器) 是电脑的核心, 其重要性好比大脑对于人一样, 因为它负责处理、运算电脑内部的所有数据。CPU 的类型决定了能使用的操作系统和相应的软件。CPU 主要由运算器、控制器、寄存器组和内部总线等构成。

寄存器组用于在指令执行过后存放操作数和中间数据，由运算器完成指令所规定的运算及操作。

CPU 的性能决定着电脑的性能，通常以 CPU 作为判断电脑档次的标准。目前主流的 CPU 为双核处理器和四核处理器。

CPU 散热风扇主要由散热片和风扇组成，它的作用是通过散热片和风扇及时将 CPU 发出的热量散去，以保证 CPU 工作在正常的温度范围内，因为当 CPU 温度高于 100℃ 时，会影响 CPU 正常运行。由此可见，CPU 散热风扇是否正常运转将直接决定 CPU 是否能正常工作。图 1-11 所示为 CPU 及 CPU 散热风扇。

图 1-11 CPU 及 CPU 散热风扇

a）CPU 正面　b）CPU 背面　c）CPU 风扇正面和侧面图

问答 3：内存在电脑中有何作用？

内存是一个很重要的电脑存储器，主要用来存储程序和数据。对于电脑来说，有了内存，电脑才有记忆功能，也才能保证电脑正常工作。人们平常使用的程序，如 Windows 操作系统、打字软件、游戏软件等，一般都是安装在硬盘等外部存储器上的，但需要使用这些软件时，必须把它们调入内存中运行。因此，平时输入一段文字，或玩一个游戏，其实都是在内存中进行的。这就好比在图书馆中，存放书籍的书架和书柜相当于电脑的外存，而阅览用的桌子就相当于内存，它是 CPU 要处理数据和命令的地点。内存的种类较多，目前主流的内存类型为 DDR3 和 DDR4。图 1-12 所示为电脑内存及安装内存的插槽。

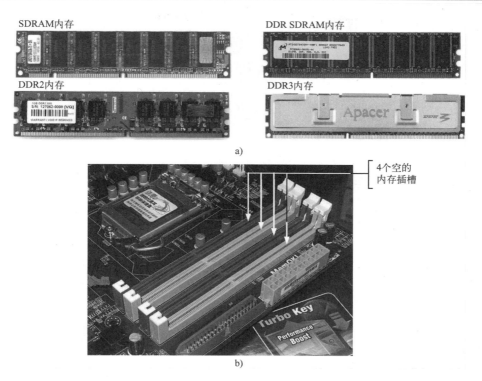

图 1-12 内存和内存插槽

a）电脑的内存 b）安装内存的插槽

问答 4：硬盘在电脑中有何作用？

　　硬盘属于外部存储器，它是用来存储各种程序和数据的地方。硬盘是一个密封的盒体，内有高速旋转的盘片和磁头。当盘片旋转时，具有高灵敏读/写的磁头在盘面上来回移动，既可向盘片或磁盘写入新数据，也可从盘片或磁盘中读取已存在的数据。硬盘的接口主要有 IDE 接口、SATA 接口、USB 接口等，其中 SATA 接口为目前主流的硬盘接口。图 1-13 所示为电脑硬盘及主板硬盘接口。

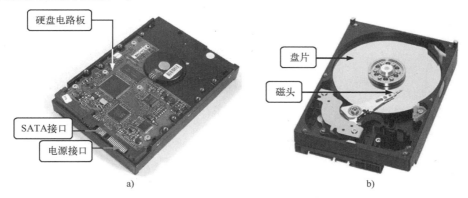

图 1-13 电脑硬盘及主板硬盘接口

a）硬盘的内部结构 b）硬盘电路板

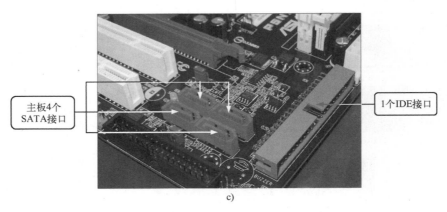

主板4个SATA接口

1个IDE接口

c)

图1-13　电脑硬盘及主板硬盘接口（续）

c）主板硬盘接口

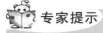 专家提示

硬盘和内存的关系

硬盘与内存都是电脑的存储设备，它们在电脑中的作用分别是存储仓库和中转站。关闭电源后，内存中的数据会丢失，但硬盘中的数据会继续保留。当用户用键盘输入一篇文字时，文字首先被存储在内存中，此时没有在硬盘中存储。如果用户在关机前没有将输入的文字存储到硬盘中，输入的文字就会丢失。向硬盘中存储的方法是用文字编辑程序中的"保存"功能将内存中存储的文字转移到硬盘中存储。

■ 问答5：光驱在电脑中有何作用？

光驱即光盘驱动器，是用来读取光盘的设备。光驱是一个结合光学、机械及电子技术的产品。激光光源来自于光驱内部的一个激光二极管，它可以产生波长为 $0.54 \sim 0.68 \ \mu m$ 的光束。经过处理后，光束更集中且更能精确控制。在读盘时，光驱内部的激光二极管发出的激光光束首先打在光盘上，再由光盘反射回来，经过光检测器捕获信号，然后由光驱中专门的电路将它转换并进行校验，最后传输到电脑的内存，这样就可以得到光盘中实际数据。光驱可分为 CD - ROM 光驱、DVD 光驱、COMBO（康宝）光驱、蓝光光驱和刻录机光驱等，如图1-14所示。

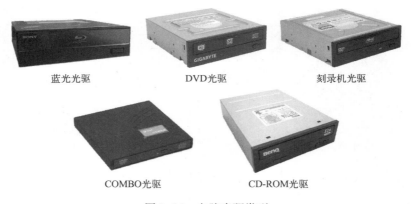

蓝光光驱　　　　　　DVD光驱　　　　　　刻录机光驱

COMBO光驱　　　　　CD-ROM光驱

图1-14　电脑光驱类型

光驱常用的接口主要有 IDE 接口、SATA 接口和 USB 接口等几种，如图 1-15 所示。

图 1-15 光驱的接口

■ 问答 6：显卡在电脑中有何作用？

显卡是连接显示器和电脑主板的重要部件，承担输出显示图形的任务。对于从事专业图形设计的人来说，显卡非常重要。显卡的输出接口主要有 DVI 接口、HDMI 接口、DP 接口等几种。图 1-16 所示为电脑的显卡。

图 1-16 电脑的显卡

■ 问答 7：ATX 电源在电脑中有何作用？

电源就像电脑的心脏一样，用来为电脑中的其他部件提供能源。电脑电源的作用是把 220 V 的交流电源转换为电脑内部使用的各种直流电。由于电源的功率直接影响电源的"驱动力"，因此电源的功率越高越好。目前主流的多核处理器电源的输出功率都在 350 W 以上，有的甚至达到 900 W。电源一般包括 1 个 20 + 4 针接口，4 个大 4 针接口，4 ~ 8 个 SATA 接口，2 个 6 针接口，1 个 4 + 4 针接口。图 1-17 所示为电源的各种接口。

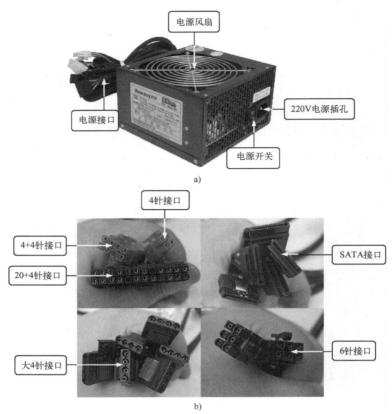

图 1-17　电脑的电源

a) 电脑电源　b) 电源的接口

1.1.4　电脑是如何启动的

问题 1：电脑开机时是如何启动的？

电脑能否成功地启动取决于电脑硬件、BIOS 和操作系统能否正常工作。它们中无论哪个有错误发生，都可能导致启动终止。当启动出现错误时，显示屏上一般都会出现相应错误提示，或电脑会发出蜂鸣声。

开启电脑的关键是启动主板的 BIOS 程序，BIOS 程序通过读取配置信息开始启动过程，接着 BIOS 将这些配置信息与电脑硬件（例如，CPU、显示卡、硬盘等）相比较。当硬件设备有自身的 BIOS（如显示卡）时，需要从启动 BIOS 获得资源，启动 BIOS 会按需分配这些系统资源，如图 1-18 所示。

电脑硬件启动的最初过程如下。

第 1 步：当第 1 次加电时，主板的时钟电路开始产生时钟脉冲。

第 2 步：CPU 开始工作并进行自身初始化。

第 3 步：CPU 寻址内存地址 FFFF0H，该地址存放着 BIOS 启动程序中的第一条指令。

第 4 步：指令引导 CPU 运行 POST（加电自检程序）。

第 5 步：POST 首先检查 BIOS 程序，随后检查 CMOS ROM（CMOS 存储器）。

第 6 步：进行校验，确认无任何电力供应失效。

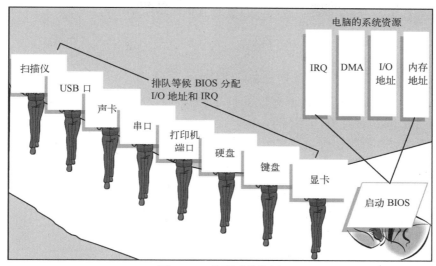

图1-18　分配系统资源

第7步：禁用硬件中断，意味着此时敲击键盘上的任意键或使用其他输入设备输入都无效。

第8步：测试CPU，进行进一步初始化。

第9步：检查确认是否为一次冷启动。如果是，检查内存的起始16 KB空间。

第10步：清查电脑上安装的所有设备并与配置信息相比较。

第11步：检查并配置显卡。在POST过程中，在CPU检查显卡之前，蜂鸣声意味着产生了错误，错误的蜂鸣编码取决于BIOS。在检查显卡之后，如果没有错误，电脑将发出"嘀"一声表示检测正常，这时就可以使用显示器来显示其运行过程了。

第12步：POST对内存读取和写入数据并进行检查。显示器显示这个阶段内存的运行总量。

第13步：检查键盘。如果此时按住键盘按键，某些BIOS可能会发生错误。随后检查并配置二级存储设备（例如，软盘、硬盘）端口和其他硬件设备。POST检查搜寻到的设备并与存储在CMOS芯片中的数据、跳线设置和DIP开关比对，查看是否有冲突。随后，操作系统配置IRO、I/O地址，并分配DMA。

第14步：为节省电力，可将某些设备设置成"睡眠"模式。

第15步：检查DMA和中断控制器。

第16步：根据用户的请求运行CMOS设置。

第17步：BIOS开始从磁盘寻找操作系统。

问题2：BIOS是如何找到并加载操作系统的？

电脑一旦完成POST和最初的资源分配，下一步就开始加载操作系统。大多数情况下，操作系统从硬盘上的逻辑盘C盘中加载。

BIOS首先执行硬盘的MBR（主引导记录）程序，检查分区表，寻找硬盘上活动分区的位置，然后转到活动分区的第一个扇区，找到并装载此活动分区的引导扇区中的程序到内存。Windows XP系统是Ntldr文件，Windows 7/8/10系统是Bootmgr文件。

接着，N+ldr或Bootmgr程序寻找并读取BCD，如果有多个启动选项，则会将这些启动选项显示在显示器的屏幕上，由用户选择从哪个启动项启动。

如果从Windows 7/8/10启动，Bootmgr会将控制权交给Winload.exe，即加载C:\Windows\System32\winload. exe 文件，然后启动系统，并开始加载核心。

1.1.5　如何安装快速启动的系统

■ 问答1：如何让电脑开机启动速度变得飞快？

实现电脑快速开机的方法简单地说就是"UEFI + GPT"，即硬盘使用 GPT 格式，并在 UEFI 模式下安装 Windows 8/10 系统。

安装快速启动系统需要的设备如图 1-19 所示。

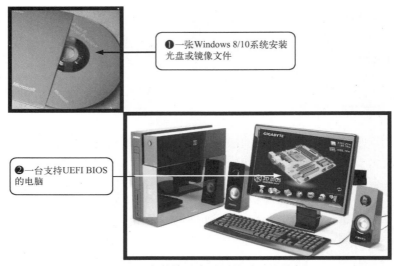

❶一张Windows 8/10系统安装光盘或镜像文件

❷一台支持UEFI BIOS的电脑

图 1-19　安装快速启动系统需要的设备

■ 问答2：快速启动系统的安装流程是什么？

快速启动系统的安装方法与普通系统安装方法既有区别，也有相同的地方。其中，区别比较大的地方是硬盘分区要采用 GPT 格式，电脑 BIOS 要采用 UEFI BIOS。下面先来了解一下 UEFI 引导安装 Windows 8/10 的流程，如图 1-20 所示。

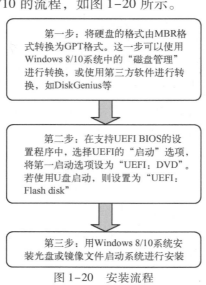

第一步：将硬盘的格式由MBR格式转换为GPT格式。这一步可以使用Windows 8/10系统中的"磁盘管理"进行转换，或使用第三方软件进行转换，如DiskGenius等

第二步：在支持UEFI BIOS的设置程序中，选择UEFI的"启动"选项，将第一启动选项设为"UEFI：DVD"。若使用U盘启动，则设置为"UEFI：Flash disk"

第三步：用Windows 8/10系统安装光盘或镜像文件启动系统进行安装

图 1-20　安装流程

1.1.6　操作系统安装流程

在正式安装操作系统前，需要先对操作系统安装的整体流程有一个大体的认识，做到心中有数。操作系统安装流程如图1-21所示。

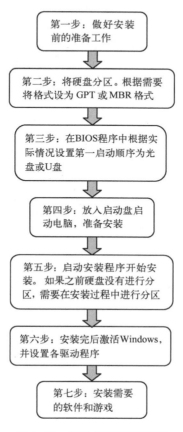

图1-21　操作系统安装流程

1.2　实战：电脑基本操作及启动盘操作

1.2.1　任务1：判定电脑的档次

一台电脑的档次，主要是通过电脑中核心部件的性能进行评判，而要想了解电脑的核心部件的性能，就必须先知道其型号和参数。下面重点介绍如何快速查看这些硬件的信息。

1. 查看电脑CPU型号及主频信息

当电脑开机启动时，BIOS首先会检测电脑的硬件，并将检测的信息显示在显示屏上。因此在电脑开机时，仔细观察就可以查看到电脑CPU的型号和频率等信息。

具体操作方法为：打开电脑电源开关，当电脑显示屏幕出现主板或电脑厂商的LOGO画面时，如图1-22所示，按下〈Tab〉键，即可看到电脑CPU的基本信息，如图1-23所示。

图 1-22　开机 LOGO 画面

图 1-23　CPU 基本信息

 专家提示

图 1-23 中的"Intel(R) Core(TM)2 CPU"代表该 CPU 是 Intel 公司的酷睿 2，"1.86 GHz"代表 CPU 主频，"266×7.0"代表 CPU 外频是 266 MHz，倍频是 7。

专家提示

如果是品牌机，开机第一屏将显示电脑品牌厂商的 LOGO 画面，这时，只要按下〈Tab〉键即可显示上述开机画面。

2. 查看内存容量信息

在显示器屏幕第一屏画面中可以查看内存容量，如图 1-24 所示。

专家提示

内存容量"1048576K"是由 1 GB 换算成字节的表示。

3. 查看硬盘容量信息

查看硬盘容量的方法有两种，其一，开机时进入 BIOS 进行查看，如图 1-25 所示；其二，电脑启动后进入"此电脑"中将各分区的大小相加即为硬盘的总容量，如图 1-26 所示。

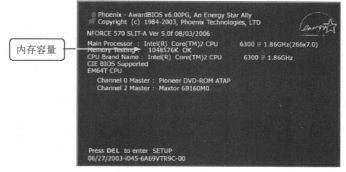

内存容量

图1-24 内存容量信息

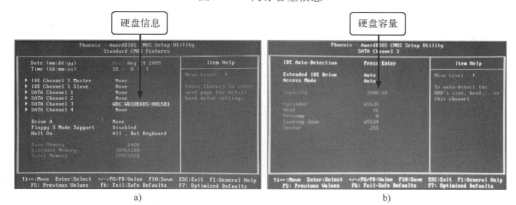

硬盘信息

硬盘容量

a) b)

图1-25 BIOS画面中的硬盘信息

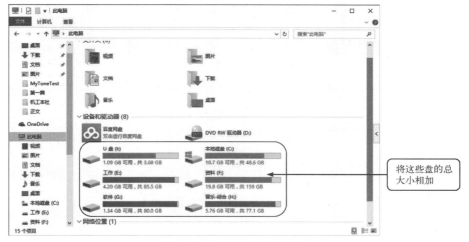

将这些盘的总大小相加

图1-26 电脑中的硬盘分区

专家提示

当人们将电脑中的各个盘的容量相加后会发现，各个盘的总容量和硬盘标注的容量不相符，如各个盘的总容量为931 GB，而硬盘标注的容量为1000 GB。这是因为硬盘的分区表占用了一部分容量，就好比一部书前面的目录占去了一部分篇幅一样。另外，容量不相同也与硬盘厂商采用的换算方法不同有关。

专家提示

　　图 1-25a 中，"WDC"代表西数公司，"WD10EADS - 00L5B1"为硬盘代号，按〈Enter〉键可打开图 1-25b 所示的硬盘容量信息图，"1000 GB"表示硬盘的容量。

4. 查看显卡和声卡信息

查看显卡和声卡信息的方法如图 1-27 所示。

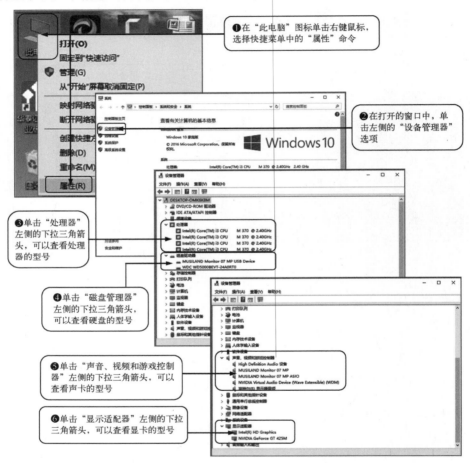

图 1-27　诊断工具中的配置信息

1.2.2　任务 2：制作 Windows PE 启动盘

　　Windows PE 启动盘可以直接使用第三方工具进行制作。下面介绍通过第三方工具制作 Windows PE 启动盘的方法。

1. 制作 U 盘 Windows PE 启动盘

　　下面以 U 盘为例，详细介绍如何制作 Windows PE 启动盘。

　　先在网上下载一个"老毛桃 WinPE"工具软件，将 U 盘连接到电脑上，然后按照如图 1-28 所示的步骤进行操作。

2. 用光盘 Windows PE 启动盘启动系统

制作好 Windows PE 启动盘，并设置 BIOS 中的启动顺序后，接下来就可以用该应急启动光盘启动电脑了。

下面以光盘 Windows PE 启动盘（应急启动光盘）为例，来演示用 Windows PE 启动盘启动电脑的过程，如图 1-29 所示（以普通 BIOS 为例）。

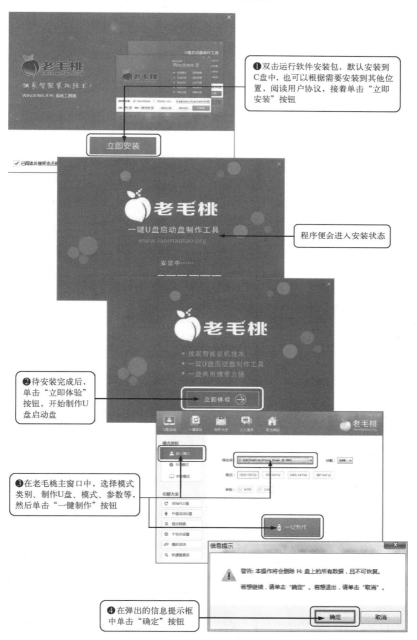

图 1-28　制作 U 盘 Windows PE 启动盘

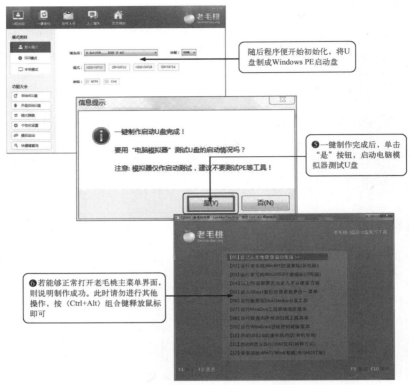

随后程序便开始初始化，将U盘制成Windows PE启动盘

❺一键制作完成后，单击"是"按钮，启动电脑模拟器测试U盘

❻若能够正常打开老毛桃主菜单界面，则说明制作成功。此时请勿进行其他操作，按〈Ctrl+Alt〉组合键释放鼠标即可

图 1-28　制作 U 盘 Windows PE 启动盘（续）

❶将"First Boot Device"选项设置为"CDROM"，保存并退出

❷将应急启动光盘放入光驱

❸再次开机时，电脑会从应急启动光盘启动，并进入到Windows PE桌面

图 1-29　用光盘 Windows PE 启动盘启动系统

专家提示

　　用 Windows PE 启动盘启动系统后，用户便可以像在 Windows 系统中一样用鼠标操作电脑，这样维护系统会更加方便。但是，也有些启动盘启动后，会进入命令提示符下。这时需要用一些操作命令来操作电脑。

3. 使用 Windows PE 启动盘检测硬盘坏扇区

　　使用 Windows PE 启动盘检测硬盘坏扇区的方法如图 1-30 所示。

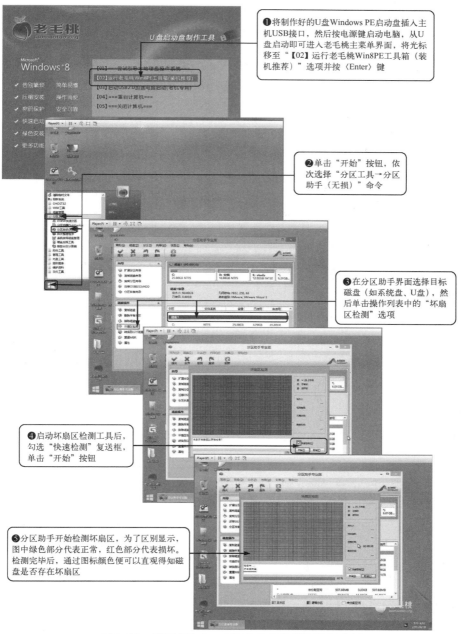

❶ 将制作好的U盘Windows PE启动盘插入主机USB接口，然后按电源键启动电脑，从U盘启动即可进入老毛桃主菜单界面，将光标移至"【02】运行老毛桃Win8PE工具箱（装机推荐）"选项并按〈Enter〉键

❷ 单击"开始"按钮，依次选择"分区工具→分区助手（无损）"命令

❸ 在分区助手界面选择目标磁盘（如系统盘、U盘），然后单击操作列表中的"坏扇区检测"选项

❹ 启动坏扇区检测工具后，勾选"快速检测"复选框，单击"开始"按钮

❺ 分区助手开始检测坏扇区，为了区别显示，图中绿色部分代表正常，红色部分代表损坏。检测完毕后，通过图标颜色便可以直观得知磁盘是否存在坏扇区

图 1-30　使用 Windows PE 启动盘检测硬盘坏扇区

1.3　高手经验总结

经验一：虽然电脑的组成结构基本相同，但它们的性能有高低之分，而造成电脑性能差别的原因主要是 CPU、主板、内存、显卡等核心硬件的性能有差别。因此要想知道电脑的性能高低，就需要了解电脑中的这些部件的性能。

经验二：主板集成显卡的性能一般要比独立显卡的性能差，因此高性能电脑通常都采用独立显卡。

经验三：安装快速启动的操作系统的关键是需要一个 GPT 格式的硬盘和一个支持 UEFI BIOS 的主板。

经验四：随着电脑中各个硬件功率的不断提高，对 ATX 电源的输出功率也要求越来越高。另外，为了今后升级需要，通常要选择较高功率的 ATX 电源。

第 ❷ 章

学习目标

1. 掌握对超大硬盘分区的方法
2. 掌握 DiskGenius 分区软件的操作方法
3. 掌握用 Windows 安装程序分区的操作方法
4. 掌握格式化硬盘的技巧
5. 掌握创建 GPT 格式的方法

学习效果

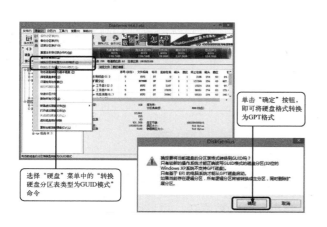

选择"硬盘"菜单中的"转换
硬盘分区表类型为GUID模式"
命令

单击"确定"按钮，
即可将硬盘格式转换
为GPT格式

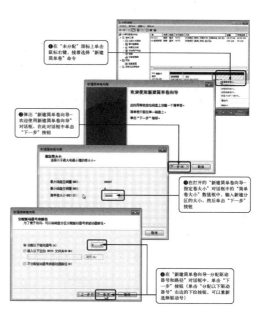

①在"未分配"图标上单击
鼠标右键，接着选择"新建
简单卷"命令

②弹出"新建简单卷向导-
欢迎使用新建简单卷向导"
对话框，在此对话框中单击
"下一步"按钮

③在打开的"新建简单卷向导-
指定卷大小"对话框中的"简单
卷大小"数值框中，输入新建分
区的大小，然后单击"下一步"
按钮

④在"新建简单卷向导-分配驱动
器号和路径"对话框中，单击"下
一步"按钮（单击"分配以下驱动
器号"右边的下拉按钮，可以重新
选择驱动器号）

硬盘的分区和格式化是装机和维修电脑时经常会使用的操作。由于硬盘在出厂时并没有分区和格式化，因此分区和格式化是使用硬盘的第一步。下面将重点讲解如何对硬盘进行分区。

2.1　知识储备

硬盘分区就是将一个物理硬盘通过软件划分为多个区域，即将一个物理硬盘分为多个盘使用，如 C 盘、D 盘、E 盘等。

2.1.1　什么是硬盘分区

问答 1：硬盘为何要分区？

硬盘由生产厂商生产出来后，并没有进行分区和格式化，所以用户在使用前必须先进行分区并格式化硬盘的活动分区。另外，现在的硬盘容量很大，将硬盘分为多个分区还有以下两个优点，一是方便管理硬盘中存放的文件，如图 2-1 所示。另一方面将操作系统和重要文件分别安装和存放在不同的分区（通常操作系统安装在 C 区），二是可以更好地保护操作系统文件，同时也可以方便快速安装操作系统，如图 2-1 所示。

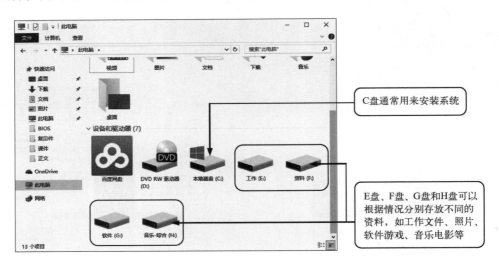

图 2-1　硬盘分区

问答 2：何时对硬盘进行分区？

首先，硬盘分区时会把硬盘中以前存放的资料和数据全部删掉，所以平时不能随便对硬盘进行分区操作，否则电脑中的重要文件数据会在分区时被删掉，由此会酿成不可挽回的后果。那么，平时使用、维修电脑时，下列三种情况下需进行硬盘分区。

（1）未使用的新硬盘。

（2）认为现在的硬盘分区不是很理想、很合理的。比如，觉得硬盘的分区个数太少，需要调整硬盘单个分区的容量。

（3）硬盘引导区感染病毒。

除以上三种情况外，一般都不对硬盘进行分区，并不是每次电脑系统出现故障都要对硬盘重新分区的，所以当不知该不该对硬盘进行分区时，可从上述三种情况考虑，符合以上三条中的一条即可。

问答 3：如何规划硬盘分区个数与容量？

硬盘分区的个数一般由用户来确定，没有一个统一的标准，一般可以把一个硬盘分为系统盘、软件盘、游戏盘、工作盘等。用户可以根据自己的想法大胆规划。每个区的容量也没有统一的规定，除 C 盘外，其他盘的容量可以随意。因为 C 盘是用来安装操作系统的，相对比较重要。操作系统一般需要 1～16 GB 的容量，应用软件、游戏需要 1～20 GB 的容量。另外日后可能要安装的软件、游戏还要占不少空间，平时运行大的程序还会生成许多临时文件。因此，C 盘容量最好不要太小，可以设置为 50 GB 左右。图 2-2 所示为硬盘的分区情况。

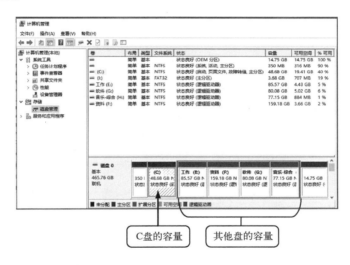

图 2-2　硬盘分区情况

2.1.2　超大硬盘与一般硬盘的分区有何区别

问答 1：2TB 以上大硬盘需要采用什么分区表格式？

MBR 分区表定义每个扇区大小为 512 字节，磁盘寻址位数为 32 位，这就决定了该硬盘所能访问的容量最大是 2.19TB（$2^{32} * 512 B$），所以对于 2.19TB 以上的硬盘，MBR 分区就无法全部识别了。因此从 Windows 7、Windows 8 开始，为了解决硬盘容量限制问题，系统增加了 GPT（Globally Unique Identifier Partition Table Format，全局唯一标识分区表）格式。GPT 分区表采用 8 个字节（即 64 bit）来存储扇区数，因此它最大可支持 264 个扇区。同样按每扇区 512Byte 容量计算，每个分区的最大容量可达 9.4ZB，即 94 亿 TB。

GPT 还有另一个名字叫作 GUID 分区表格式，在许多磁盘管理软件中能够看到这个名字。GPT 也是 UEFI BIOS 所使用的磁盘分区格式。

GPT 分区的一大优势就是可以针对不同的数据建立不同的分区，同时为不同的分区创建不同的权限。就如其名字一样，GPT 能够保证磁盘分区的 GUID 的唯一性，所以 GPT 不允许将整个硬盘进行复制，从而保证了磁盘内数据的安全性。

GPT 分区的创建和更改其实并不麻烦，使用 Windows 自带的磁盘管理功能或者 DiskGenius 等磁盘管理软件，就可以轻松地将硬盘转换成 GPT（GUID）格式。注意，转换之后硬盘中的数据会丢失。转换之后就可以在超大硬盘上正常存储数据了。

■ 问答 2：什么操作系统才支持 GPT 格式？

GPT 格式的超大数据盘能不能做系统盘呢？当然可以，这里需要借助一种先进的 UEFI BIOS 和更高级的操作系统。表 2-1 列出了各操作系统对 GPT 格式的支持情况。

表 2-1　各操作系统对 GPT 格式的支持情况

操 作 系 统	数据盘是否支持 GPT 格式	系统盘是否支持 GPT 格式
Windows XP 32 bit	不支持 GPT 分区	不支持 GPT 分区
Windows XP 64 bit	支持 GPT 分区	不支持 GPT 分区
Windows Vista 32 bit	支持 GPT 分区	不支持 GPT 分区
Windows Vista 64 bit	支持 GPT 分区	GPT 分区需要 UEFI BIOS
Windows 7 32 bit	支持 GPT 分区	不支持 GPT 分区
Windows 7 64 bit	支持 GPT 分区	GPT 分区需要 UEFI BIOS
Windows 8 64 bit	支持 GPT 分区	GPT 分区需要 UEFI BIOS
Windows 10 32 bit	支持 GPT 分区	GPT 分区需要 UEFI BIOS
Windows 10 64 bit	支持 GPT 分区	GPT 分区需要 UEFI BIOS
Linux	支持 GPT 分区	GPT 分区需要 UEFI BIOS

如表 2-1 所示，如想识别完整的超大硬盘，用户应该安装 Windows 7/8/10 等高级的操作系统。对于早期的 32 位版本的 Windows 7 操作系统，GPT 格式化的硬盘只能作为从盘划分多个分区，但是无法作为系统盘。而 64 位 Windows 7、Windows 8/10 操作系统赋予了 GPT 格式 2TB 以上容量硬盘的全新功能，此时 GPT 格式硬盘分区可以作为系统盘。

■ 问答 3：使用什么工具创建 GPT 格式？

为硬盘创建 GPT 格式的工具不少，下面介绍 DiskGenius 软件。

DiskGenius 是一款集磁盘分区管理与数据恢复功能于一身的工具软件。它不仅具备与分区管理有关的几乎全部功能，支持 GUID 分区表，支持各种硬盘、存储卡、虚拟硬盘、RAID 分区，而且提供独特的快速分区、整数分区等功能。用 DiskGenius 来转换硬盘模式也是非常简单的。首先运行 DiskGenius 程序，然后选中要转换格式的硬盘，然后按照图 2-3

所示方法操作即可。

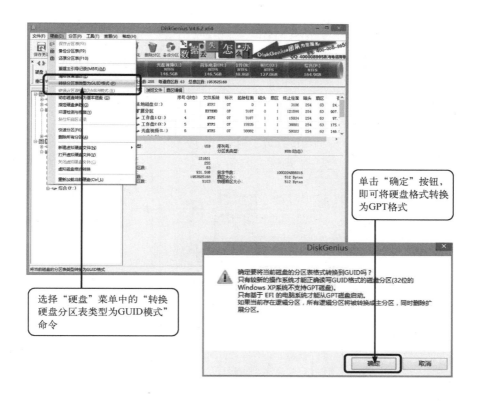

图 2-3　将硬盘格式转换为 GPT 格式

2.2　实战：硬盘分区和高级格式化

　　硬盘分区是安装操作系统的第一步，调整好硬盘分区的大小是一个良好的开始。有些工具软件仅支持小硬盘分区，不支持大硬盘分区，而支持大硬盘分区的工具软件都支持小硬盘分区，因此下面以超大硬盘分区为例讲解。

2.2.1　任务 1：使用 DiskGenius 为超大硬盘分区

　　首先从网上下载分区软件 DiskGenius 并复制到 U 盘中，然后用启动盘启动到 Windows PE 系统，接着运行 DiskGenius 分区软件。具体分区操作如图 2-4 所示。

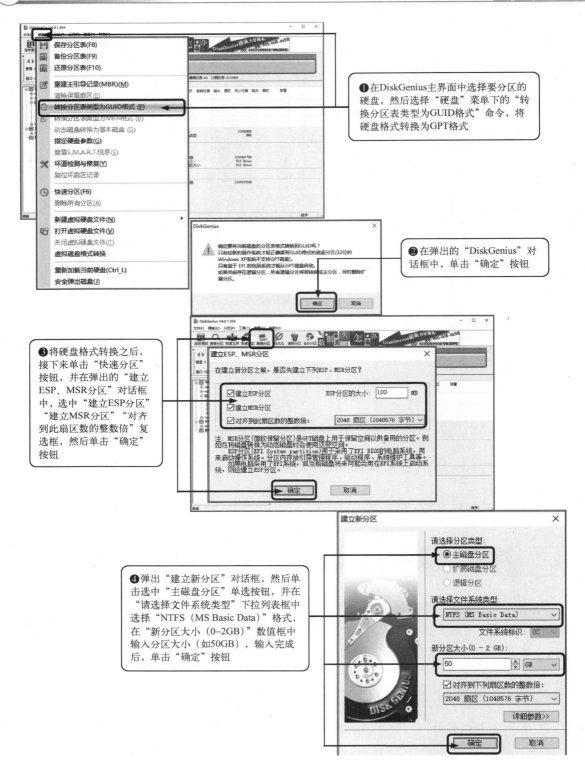

❶ 在DiskGenius主界面中选择要分区的硬盘，然后选择"硬盘"菜单下的"转换分区表类型为GUID格式"命令，将硬盘格式转换为GPT格式

❷ 在弹出的"DiskGenius"对话框中，单击"确定"按钮

❸ 将硬盘格式转换之后，接下来单击"快速分区"按钮，并在弹出的"建立ESP、MSR分区"对话框中，选中"建立ESP分区""建立MSR分区""对齐到此扇区数的整数倍"复选框，然后单击"确定"按钮

❹ 弹出"建立新分区"对话框，然后单击选中"主磁盘分区"单选按钮，并在"请选择文件系统类型"下拉列表框中选择"NTFS（MS Basic Data）"格式，在"新分区大小（0~2GB）"数值框中输入分区大小（如50GB），输入完成后，单击"确定"按钮

图 2-4 用 DiskGenius 为超大硬盘分区

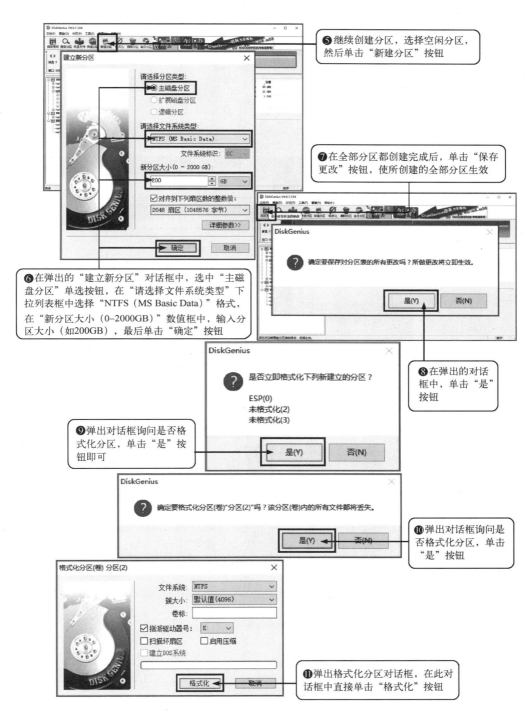

⑤继续创建分区，选择空闲分区，然后单击"新建分区"按钮

⑦在全部分区都创建完成后，单击"保存更改"按钮，使所创建的全部分区生效

⑥在弹出的"建立新分区"对话框中，选中"主磁盘分区"单选按钮，在"请选择文件系统类型"下拉列表框中选择"NTFS（MS Basic Data）"格式，在"新分区大小（0~2000GB）"数值框中，输入分区大小（如200GB），最后单击"确定"按钮

⑧在弹出的对话框中，单击"是"按钮

⑨弹出对话框询问是否格式化分区，单击"是"按钮即可

⑩弹出对话框询问是否格式化分区，单击"是"按钮

⑪弹出格式化分区对话框，在此对话框中直接单击"格式化"按钮

图 2-4　用 DiskGenius 为超大硬盘分区（续）

2.2.2 任务2：使用 Windows 7/8/10 安装程序对大硬盘分区

Windows 8/10 操作系统安装程序的分区界面和分区方法与 Windows 7 相同。这里以 Windows 7 安装程序分区为例讲解，具体方法如图 2-5 所示。

专家提示

如果安装 Windows 7/8/10 系统时，没有对硬盘分区（硬盘原先也没有分区），Windows 7/8/10 安装程序将自动把硬盘分为一个分区，分区表格式为 NTFS。

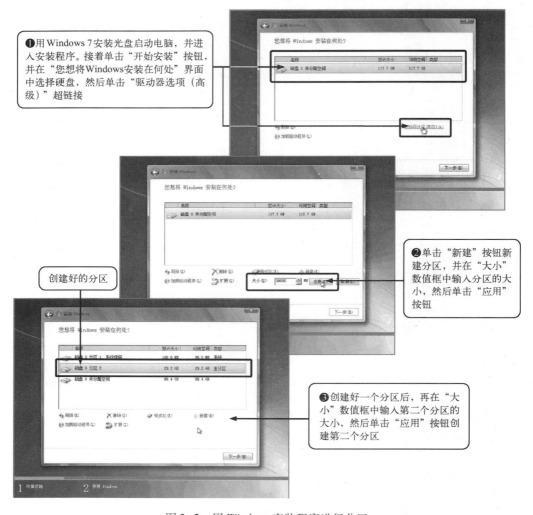

❶ 用 Windows 7 安装光盘启动电脑，并进入安装程序。接着单击"开始安装"按钮，并在"您想将Windows安装在何处"界面中选择硬盘，然后单击"驱动器选项（高级）"超链接

❷ 单击"新建"按钮新建分区，并在"大小"数值框中输入分区的大小，然后单击"应用"按钮

创建好的分区

❸ 创建好一个分区后，再在"大小"数值框中输入第二个分区的大小，然后单击"应用"按钮创建第二个分区

图 2-5　用 Windows 安装程序进行分区

2.2.3 任务3：使用 Windows 7/8/10 中的磁盘工具对硬盘分区

Windows 7/8/10 系统中的磁盘工具的分区界面及分区操作方法都相同，这里以 Windows 7 为例讲解。首先在桌面上的"计算机"图标上单击鼠标右键，并在弹出的快捷菜单中选择

"管理"命令；接着在打开的"计算机管理"窗口中选择"磁盘管理"选项，此时可以看到硬盘的分区状态。具体分区操作如图 2-6 所示。

专家提示

在 Windows 7 系统中，给磁盘创建新分区时，前 3 个分区将被格式化为主分区。从第 4 个分区开始，会将每个分区配置为扩展分区内的逻辑驱动器。

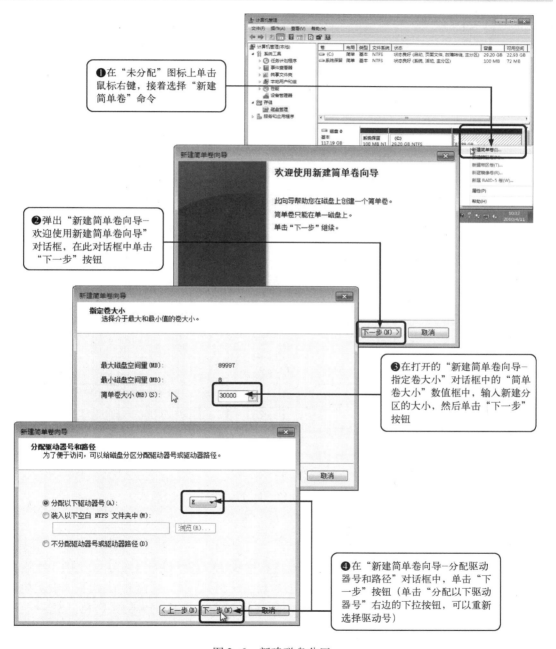

❶ 在"未分配"图标上单击鼠标右键，接着选择"新建简单卷"命令

❷ 弹出"新建简单卷向导–欢迎使用新建简单卷向导"对话框，在此对话框中单击"下一步"按钮

❸ 在打开的"新建简单卷向导–指定卷大小"对话框中的"简单卷大小"数值框中，输入新建分区的大小，然后单击"下一步"按钮

❹ 在"新建简单卷向导–分配驱动器号和路径"对话框中，单击"下一步"按钮（单击"分配以下驱动器号"右边的下拉按钮，可以重新选择驱动号）

图 2-6　新建磁盘分区

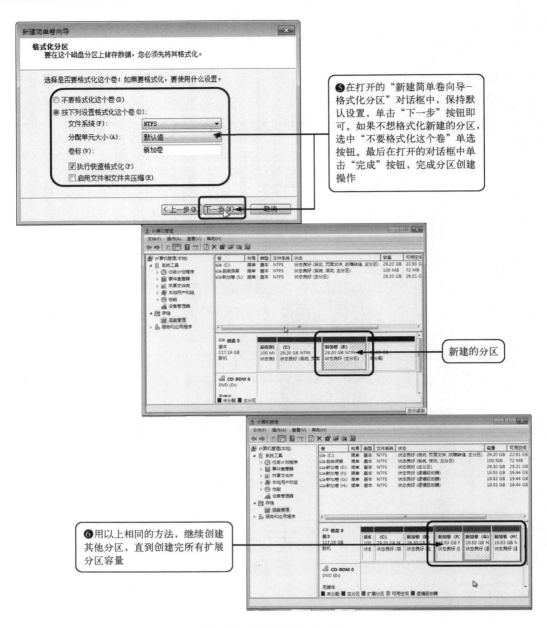

图 2-6　新建磁盘分区（续）

2.2.4　任务 4：格式化电脑硬盘

硬盘分区完成之后，一般还需要对硬盘进行格式化操作，硬盘才能正常使用。在格式化硬盘时要分别格式化每个区，即分别格式化 C 盘、D 盘、E 盘、F 盘和 G 盘等。格式化硬盘的方法有多种，下面以 Windows 系统中的"格式化"命令格式化为例讲解格式化磁盘的方法，具体如图 2-7 所示。

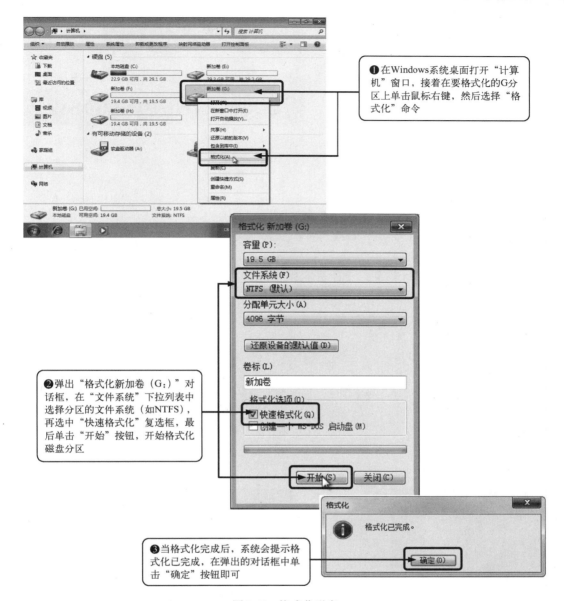

图 2-7　格式化磁盘

2.3　高手经验总结

经验一：硬盘分区时，对于非全新硬盘，必须要考虑硬盘中的数据是否需要备份，如果需要备份，要先备份，再进行分区。

经验二：如果要实现快速开机，那么硬盘必须采用 GPT 格式，并且最好安装 Windows 8/10 系统。

经验三：在安装操作系统时，可以使用安装程序自带的分区工具先把 C 盘分好，其他的分区可以在安装完系统后，用系统中的分区管理工具进行分区。

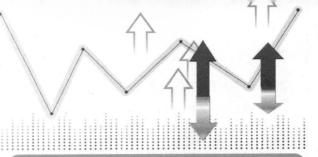

第 3 章

安装前的UEFI BIOS设置

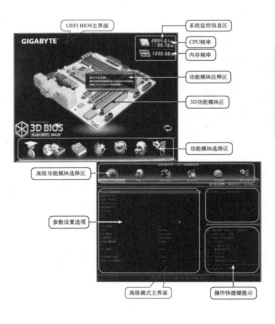

学习目标

1. 掌握如何进入 BIOS 设置程序等基本操作
2. 了解 BIOS 各功能模块
3. 掌握开机启动顺序的设置方法
4. 掌握开机密码的设置方法
5. CPU 超频的设置方法
6. 掌握 UEFI BIOS 的升级方法

学习效果

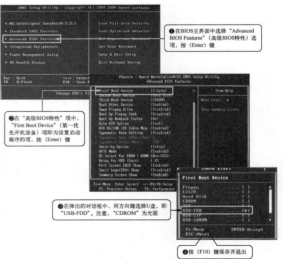

3.1　知识储备

由于 BIOS 的功能有限而且操作不便，UEFI BIOS 已经逐渐取代传统 BIOS。那么，UEFI BIOS 又是什么？它凭什么替代 BIOS？它究竟是如何运作的呢？下面就来揭开 UEFI BIOS 神秘的面纱。

3.1.1　神秘的 UEFI BIOS

问答 1：你知道电脑 BIOS 有什么功能吗？

可能很多人都听过 BIOS，但不一定了解它。BIOS（Basic Input/Output System，基本输入/输出系统）在电脑系统中起着非常重要的作用。BIOS 是 BIOS ROM 的简称，是基本输入/输出系统只读存储器。它是被固化到 ROM 芯片中的一组程序，为电脑提供最低级的、最直接的硬件控制。准确地说，BIOS 是硬件与软件之间的一个接口，负责解决硬件的即时需求，并按软件对硬件的要求执行具体操作。图 3-1 所示为主板上的 BIOS 芯片。

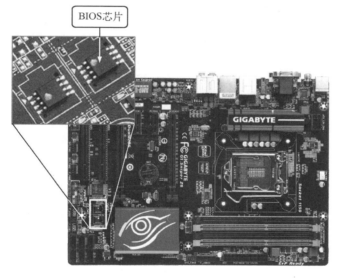

图 3-1　主板上的 BIOS 芯片

目前 BIOS 程序的版本有很多，通过 Intel 授权的就有四家分别为 Award BIOS、AMI BIOS、Phoenix BIOS 和 Byosoft BIOS。AMI BIOS 和 Award BIOS 是最主要的两家，这两种 BIOS 占领了大部分 BIOS 市场。

BIOS 主要负责电脑启动时的自动检测、初始化和引导装入系统，在电脑运行时还要负责程序服务处理和硬件中断处理。

通常情况下，通过 BIOS 设置程序对硬件系统进行参数设置。由于 ROM（只读存储器）具有只能读取、不能修改且断电后仍能保证数据不会丢失的特点，因此这些设置程序一般都放在 ROM 中。此外，运行 BIOS 设置程序后的设置参数都放在主板的 CMOS RAM 芯片中，这是由于随着系统部件的更新，所设置的参数可能需要修改，而 RAM 的特点是可读取、可写入，加上 CMOS 有电池供电，因此能长久地保持参数不会丢失。

BIOS 设置程序目前有多种不同的版本，针对的硬件也有所不同，但主要的设置选项基本都相同，如表 3-1 所示。

表 3-1　BIOS 设置内容

设 置 选 项	设 置 内 容
基本参数设置	系统时钟、显示器类型、启动时对自检错误处理的方式
磁盘驱动器设置	自动检测 IDE 接口、启动顺序、软盘硬盘的型号等
键盘设置	上电是否检测硬盘、键盘类型、键盘参数等
存储器设置	存储器容量、读写时序、奇偶校验、ECC 校验、1MB 以上内存测试、音响等
缓存设置	内/外缓存、缓存地址/尺寸、BIOS 显示卡缓存设置等
ROM SHADOW 设置	ROM BIOS SHADOW 设置、VIDEO SHADOW 设置、各种适配卡 SHADOW 设置等
安全设置	硬盘分区表保护、开机口令、Setup 口令等
总线周期参数设置	AT 总线时钟（AT BUS Clock）、AT 周期等待状态（AT Cycle Wait State）、内存读写定时、Cache 读写等待、Cache 读写定时、DRAM 刷新周期、刷新方式等
电源管理设置	进入节能状态的等待延迟时间、唤醒功能、IDE 设备断电方式、显示器断电方式等
PCI 局部总线参数设置	即插即用的功能设置，PCI 插槽中断请求、PCI IDE 接口中断请求、CPU 向 PCI 写入缓冲、总线字节合并、PCI IDE 触发方式、PCI 突发写入、CPU 与 PCI 时钟比等
板上集成接口设置	板上 FDC 软驱接口、串并口、IDE 接口的允许/禁止状态、I/O 地址、IRQ 及 DMA 设置、USB 接口、IrDA 接口等
其他参数设置	快速上电自检、A20 地址线选择、上电自检故障提示、系统引导速度等

问答 2：最新 UEFI BIOS 与传统 BIOS 有何区别？

大家都知道最早的 X86 电脑是 16 位架构的，操作系统也是 16 位的，这迫使处理器厂商在开发新的处理器时，都必须考虑 16 位兼容模式。而 16 位模式严重限制了 CPU 的性能发展，因此 Intel 公司在开发安腾处理器后推出了 EFI（UEFI 前身）。

EFI 全称是（Extensible Firmware Interface，可扩展固件接口）由 Intel 提出，目的在于为下一代的 BIOS 开发树立全新的框架。EFI 不是一个具体的软件，而是在操作系统与平台固件（Platform Firmware）之间的一套完整的接口规范。EFI 定义了许多重要的数据结构以及系统服务，如果完全实现了这些数据结构与系统服务，也就相当于实现了一个真正的 BIOS 核心。而 UEFI（Unified Extensible Firmware Interface，统一的可扩展固件接口）是 EFI 的升级版。图 3-2 所示为 UEFI BIOS 和传统 BIOS 界面。

Windows 10 的开机速度之所以那么快，其中一个原因就是其支持 UEFI BIOS 引导。对比采用传统 BIOS 引导启动方式，UEFI BIOS 减少了 BIOS 自检的步骤，节省了大量的时间，从而加快了平台的启动。

UEFI BIOS 和传统 BIOS 的运行流程图如图 3-3 所示。

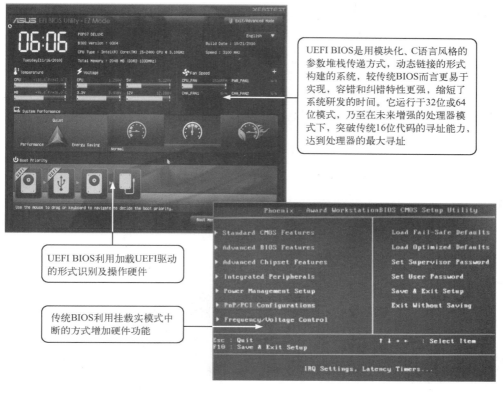

UEFI BIOS是用模块化、C语言风格的参数堆栈传递方式，动态链接的形式构建的系统，较传统BIOS而言更易于实现，容错和纠错特性更强，缩短了系统研发的时间。它运行于32位或64位模式，乃至在未来增强的处理器模式下，突破传统16位代码的寻址能力，达到处理器的最大寻址

UEFI BIOS利用加载UEFI驱动的形式识别及操作硬件

传统BIOS利用挂载实模式中断的方式增加硬件功能

图 3-2　UEFI BIOS 和传统 BIOS 的设置界面

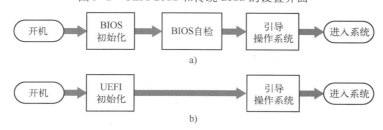

图 3-3　UEFI BIOS 和传统 BIOS 的运行流程图

a）传统 BIOS 运行流程图　b）UEFI BIOS 运行流程图

3.1.2　读懂 UEFI BIOS 的界面

■ 问答 1：如何进入 BIOS 设置程序？

最新的 UEFI BIOS 设置程序和传统的 BIOS 设置程序的进入方法相同，都是在显示开机画面时按〈Del〉键或〈F2〉键。下面以最新的 UEFI BIOS 为例讲解。

由于计算机系统不同，UEFI BIOS 设置程序的进入方法也会有所区别。按下计算机开机电源后，计算机在开机检测时会出现如何进入 UEFI BIOS 设置程序的提示，如图 3-4 所示。

■ 问答 2：UEFI BIOS 界面中各选项有何功能？

开机进入 UEFI BIOS 设置程序，如图 3-5 所示。这里以华硕、微星和技嘉主板的 UEFI BIOS 为例进行讲解。从图中可以看到，各个厂家的 UEFI BIOS 设置界面并不一样，各有特色。其中，华硕 UEFI BIOS 设置程序主界面主要由基本信息区、系统监控信息区、系统性能设置区和启动顺序设置区 4 部分组成。微星 UEFI BIOS 设置程序主界面主要由系统信息区、系统监控信息区、启动顺序设置区、性能模式选择区、参数设置区、功能模块按钮等组成。技嘉 UEFI BIOS 设置程序主界面主要由高级功能模式选择区、3D 功能模块区、功能模块注释区、系统监控信息区等组成。

图 3-4　开机提示

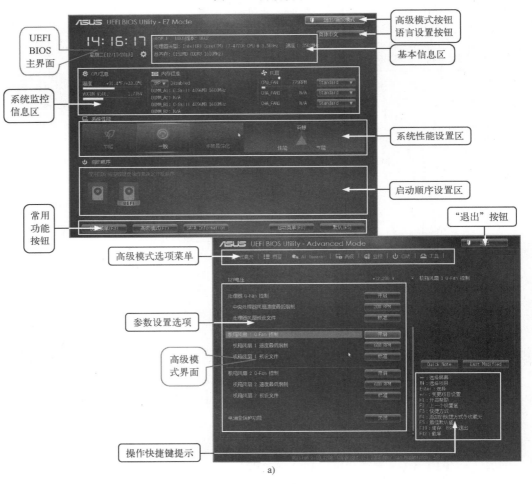

a)

图 3-5　UEFI BIOS 界面信息

a) 华硕主板 UEFI BIOS 界面

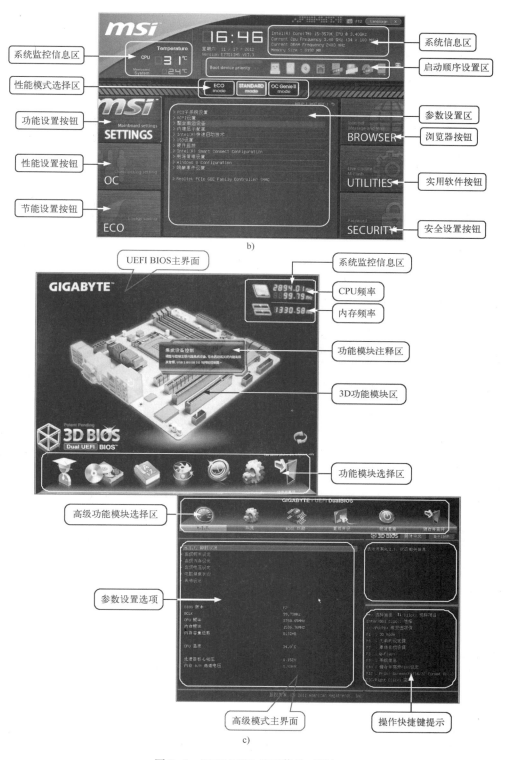

图 3-5　UEFI BIOS 界面信息（续）

b）微星主板 UEFIS BIOS 界面　c）技嘉主板 UEFI BIOS 界面

问答 3　传统 BIOS 主界面中各选项有何功能?

开机时按下进入 BIOS 设置程序的快捷键, 将会进入 BIOS 设置程序。进入后首先显示的是 BIOS 设置程序的主界面, 如图 3-6 所示。

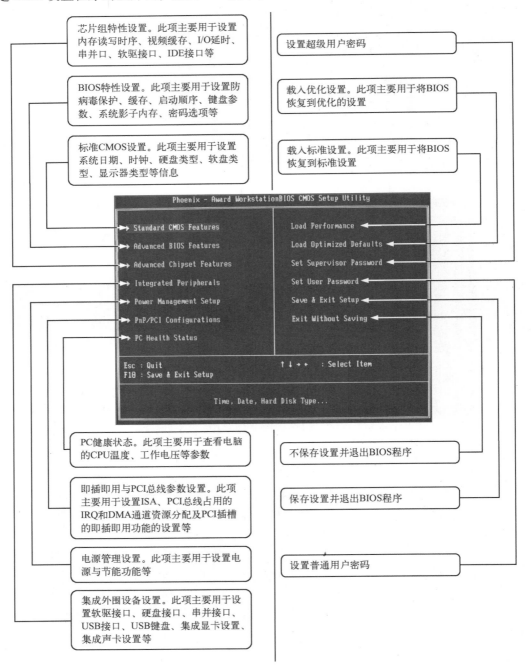

图 3-6　传统 BIOS 设置程序的主界面

专家提示

传统 BIOS 设置程序的主界面中一般有十几个选项，不过，由于 BIOS 的版本和类型不同，传统 BIOS 设置程序主界面中的选项也有一些差异，但主要的选项每个 BIOS 程序都会有。而下面的几个选项，有的 BIOS 程序才会有：UPDATE BIOS（BIOS 升级）、AD-VANCED CMOS SETUP（高级 CMOS 设置）、IDE HDD SUTO DETECTION（IDE 硬盘类型自动检测）、PC HEALTH STATUS（电脑健康状况）。

3.1.3　开机启动顺序为何如此重要

问答 1：为何要设置开机启动顺序？

电脑在启动时，按照设置的开机启动顺序从硬盘 U 盘、光驱或其他设备启动。启动顺序设置是在新装机或重新安装系统时必须手动设置的选项。现在主板的智能化程度非常高，开机后可以自动检测到 CPU、硬盘、软驱、光驱等的型号信息，这些在开机后不用再手动设置，但启动顺序设置是不管主板智能化程度多高都必须手动设置的。

在电脑启动时，首先会检测 CPU、主板、内存、BIOS、显卡、硬盘、光驱、键盘等，如这些部件检测通过，接下来将按照 BIOS 中设置的启动顺序从第一个启动盘调入操作系统。正常情况下都设成从硬盘启动，但是，当计算机硬盘中的系统出现故障而无法从硬盘启动时，只有通过 BIOS 把第一个启动盘设为 U 盘或光盘，利用 U 盘或光盘启动系统来维修电脑。所以，在装机或维修电脑工作中，设置开机启动顺序非常重要。

问答 2：什么情况下需要设置开机启动顺序？

前面讲过通常将开机启动顺序设为先从硬盘启动，只有新装机和电脑系统损坏而无法启动电脑时，才考虑设置开机启动顺序。

3.2　实战：设置 BIOS

大概认识了电脑的 BIOS 之后，接下来正式进入实战阶段，带着大家动手设置最新的 UEFI BIOS 和传统的 BIOS。

3.2.1　任务 1：在 UEFI BIOS 中设置开机启动顺序

这里要设置第一启动顺序为 U 盘，设置方法如下。

首先开机在出现厂商 LOGO 画面时，按〈Del〉键，进入 UEFI BIOS 设置程序主界面。接下来按照图 3-7（以技嘉 UEFI BIOS 为例）和图 3-8（以微星 UEFI BIOS 为例）所示方法进行设置。

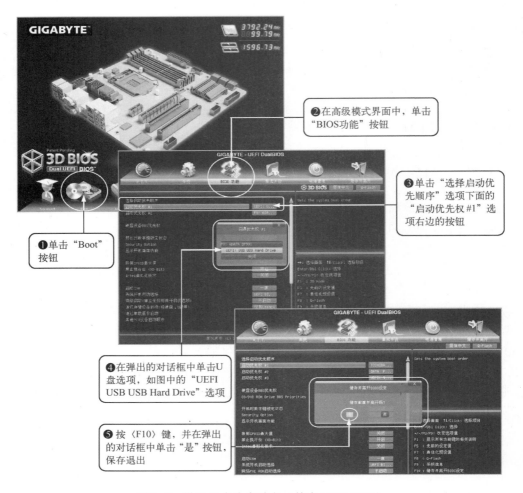

图 3-7　设置 U 盘为启动盘（技嘉 UEFI BIOS）

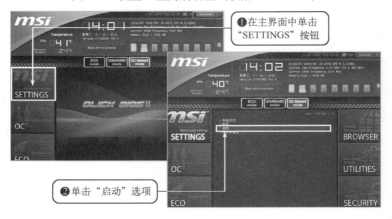

图 3-8　设置开机启动顺序（微星 UEFI BIOS）

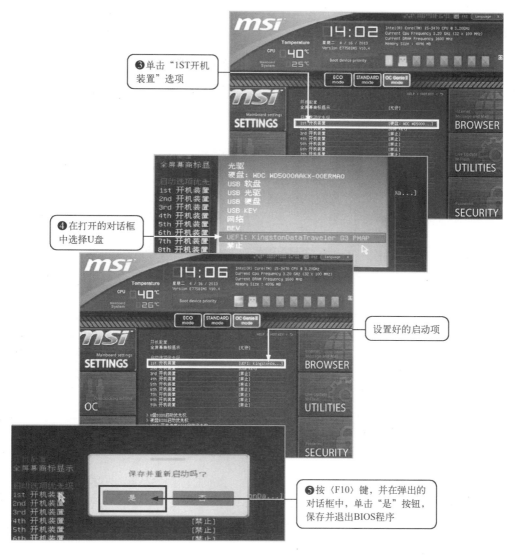

图 3-8　设置开机启动顺序（微星 UEFI BIOS）（续）

3.2.2　任务 2：在 UEFI BIOS 中设置自动开机

电脑自动开机功能的设置方法如下（以华硕 UEFI BIOS 为例讲解）。

首先开机按〈Del〉键，进入 UEFI BIOS 设置程序，然后按照如图 3-9 所示的方法进行设置。

图 3-9　设置自动开机（华硕 UEFI BIOS）

3.2.3　任务 3：在 UEFI BIOS 中设置管理员密码

如果电脑中保存了重要信息，或是担心 BIOS 中的设置被修改而影响应用，可通过设置 BIOS 密码来解决。

1. 设置系统管理员密码

设置系统管理员密码的方法如下（以华硕 UEFI BIOS 为例讲解）。

首先按下电源按钮，根据屏幕下方提示"Press DEL to enter Setup"，按〈Del〉键，进入 UEFI BIOS 设置程序主界面。具体操作如图 3-10 所示。

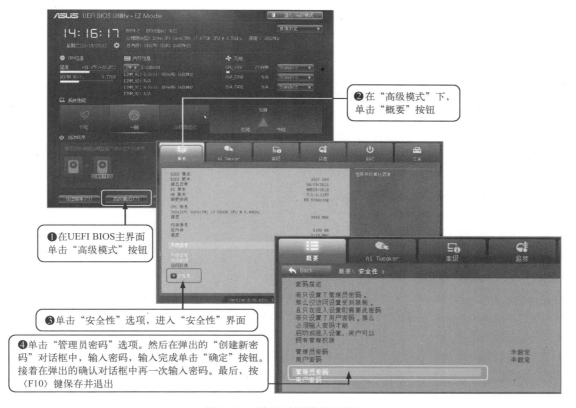

图 3-10 设置系统管理员密码

2. 变更系统管理员密码

变更系统管理员密码的方法如下。

（1）进入 UEFI BIOS 的高级模式，在"概要"选项卡中的"安全性"选项中，选择"管理员密码"选项并按〈Enter〉键。

（2）在弹出的"输入当前密码"对话框中，输入现在的密码，输入完成后按〈Enter〉键。

（3）在弹出的"创建新密码"对话框中，输入欲设置的新密码，输入完成后按〈Enter〉键。最后在弹出的确认对话框中再一次输入新密码。

3. 清除系统管理员密码

若要清除管理员密码，请参照变更系统管理员密码的操作，但在确认对话框出现时直接按〈Enter〉键以创建/确认密码。清除了密码后，屏幕顶部的"管理员密码"选项显示为"未设定"。

3.2.4 任务 4：在 UEFI BIOS 中对 CPU 超频

在 UEFI BIOS 中对 CPU 超频的方法如下（以华硕 UEFI BIOS 为例讲解）。

首先开机按〈Del〉键进入 UEFI BIOS，然后按照如图 3-11 所示的方法进行设置。

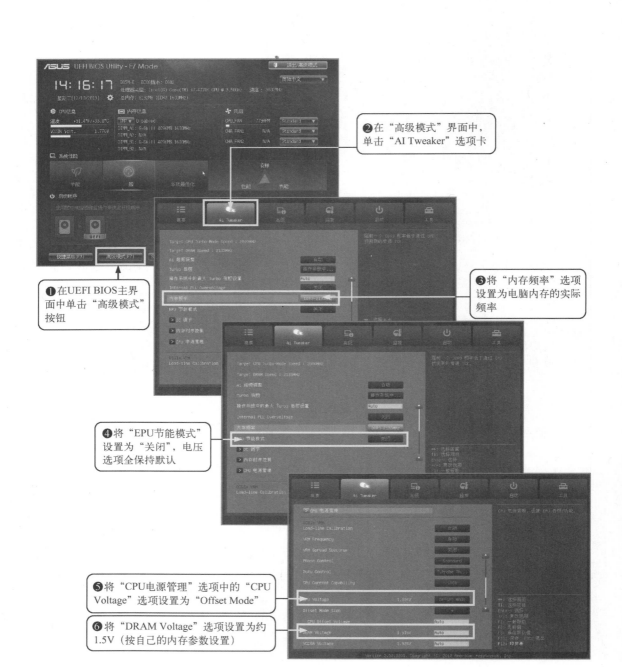

图 3-11　CPU 超频设置方法

❼单击"高级"选项卡

❽将"CPU比率"选项改为需要的频率,这里以4.5GHz为例,输入"45"

❾在"SATA设置"中,将"SATA模式"选项改为"AHCI模式"

❿在"内置设备设置"中,将"VIA 1394控制器"选项设置为"关闭"。1394接口需要就打开,不需要时关了可以加快硬件启动的速度

⓫将"Marvell存储控制器"选项设置为"AHCI模式"

⓬在"监控"选项卡下,将"处理器Q-Fan控制"选项设置为"关闭",将"机箱Q-Fan控制"选项设置为"关闭"

⓬按〈F10〉键保存并退出

图 3-11 CPU 超频设置方法(续)

3.2.5 任务 5:在传统 BIOS 中设置开机启动顺序

电脑启动时,将按照设置的启动顺序选择是从硬盘启动,还是从 U 盘启动、光驱或其

他设备启动。新装机或重新安装系统时，必须手动设置启动顺序的选项。传统 BIOS 启动顺序设置方法如下。

首先开机启动时，按〈Del〉键进入 BIOS 主界面，具体设置方法如图 3-12 所示。

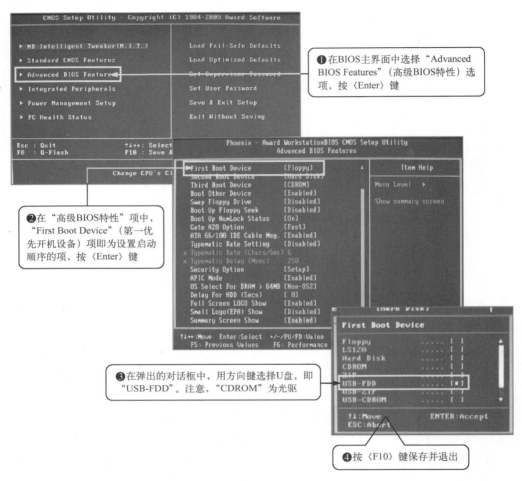

图 3-12　设置启动顺序

3.2.6　任务 6：在传统 BIOS 中设置 BIOS 密码

在电脑中设置密码可以保护电脑内的资料不被删除和修改。电脑中的密码有两种，一种是开机密码，设置此密码后，开机时需要输入密码才能启动电脑，否则电脑就无法启动，可以防止别人开机进入系统中；另一种是 BIOS 专用密码，即进入 BIOS 程序时需要输入的密码，设置后可以防止别人修改 BIOS 程序参数。设置这两种密码时，须将"Advanced BIOS Features"（高级 BIOS 特性）中的"Security Option"（开机口令选择）选项设为"System"（设置开机密码时用）或"Setup"（设置 BIOS 专用密码时用）。

设置"Set Supervisor Password"（设置超级用户密码）后，用户对电脑的 BIOS 设置具有最高的权限，可以更改 BIOS 的任何设置。设置"Set User Password"（设置普通用户密码）后，用户可以开机进入 BIOS 设置，但除了更改自己的密码以外，不能更改其他任何设置。

在开机时按〈Del〉键进入 BIOS 主界面，然后按照如图 3-13 所示的方法进行操作。

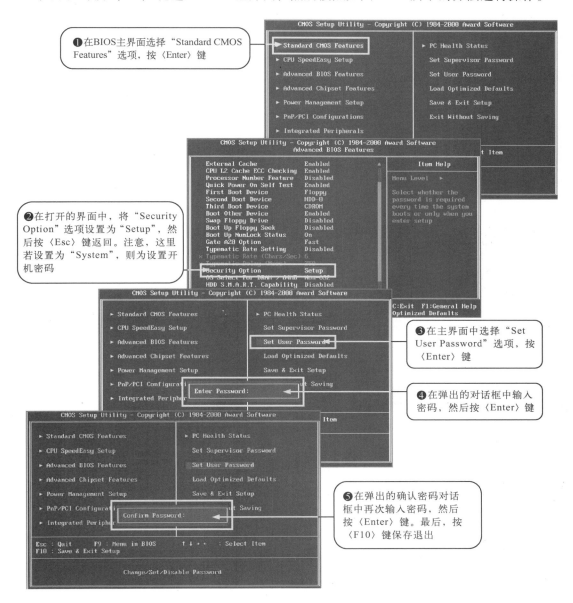

图 3-13 设置 BIOS 密码

专家提示

　　设置密码时一定要注意密码最大长度为 8 个字符，而且有大小写之分，两次输入的密码一定要相同。设置开机密码后，同时，BIOS 程序也设了一个相同的密码，进入 BIOS 程序时输入相同的密码即可。

3.2.7 任务7：修改或取消密码

这里以取消 BIOS 密码为例进行讲解，开机密码的修改方法与此类似。具体方法如图 3-14 所示。

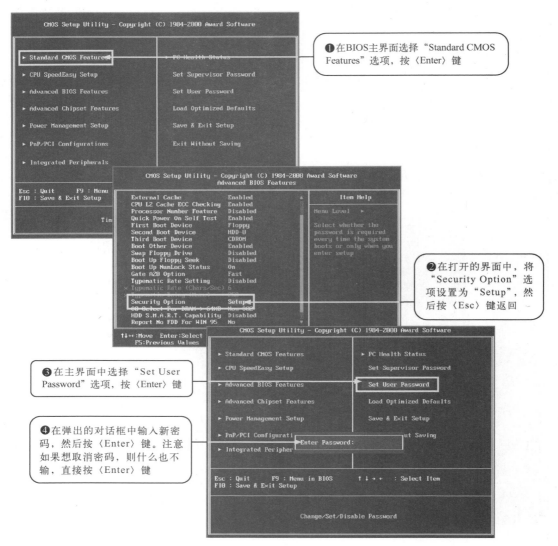

图 3-14 修改或取消密码

专家提示

不知道开机密码时取消密码的方法

首先打开机箱，将主板上的 CMOS 电池取下，然后将 CMOS 放电。此时，开机密码和 BIOS 密码将被删除。

3.2.8　任务 8：一键将 BIOS 程序设为最佳状态

如果对 BIOS 程序设置感觉不满意，想将 BIOS 自动设置为最佳状态，可以按照下面的方法的进行操作，如图 3-15 所示。

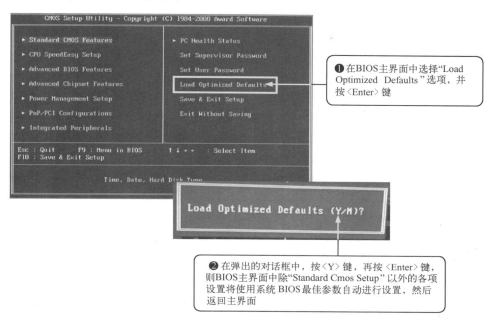

图 3-15　一键将 BIOS 设置为最佳状态

专家提示

　　传统 BIOS 系统的最佳化状态采用了优化的设置，将 BIOS 的各项参数设置成能较好地发挥系统性能的预设值，因此一般都能较好地发挥机内各硬件的性能，也能兼顾系统正常工作。

3.2.9　任务 9：升级 UEFI BIOS

在 UEFI BIOS 中，会带有 BIOS 升级的选项，直接使用此选项即可轻松升级 UEFI BIOS。下面详细讲解 UEFI BIOS 升级的方法（以华硕 UEFI BIOS 为例讲解）。

　　首先到主板厂商官方网站根据主板的型号下载最新的 BIOS 文件，然后将保存有最新 BIOS 文件的 U 盘插入电脑 USB 接口，接着开机按〈Del〉键进入 UEFI BIOS 设置程序主界面，最后按照如图 3-16 所示的方法进行操作。

专家提示

　　升级 BIOS 有一定的风险，在操作时一定要注意。

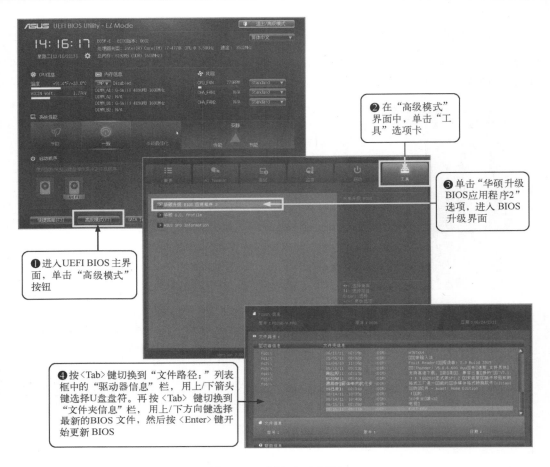

② 在"高级模式"
界面中，单击"工
具"选项卡

③ 单击"华硕升级
BIOS应用程序2"
选项，进入 BIOS
升级界面

① 进入UEFI BIOS 主界
面，单击"高级模式"
按钮

④ 按〈Tab〉键切换到"文件路径："列表
框中的"驱动器信息"栏，用上/下箭头
键选择U盘盘符。再按〈Tab〉键切换到
"文件夹信息"栏，用上/下方向键选择
最新的BIOS 文件，然后按〈Enter〉键开
始更新 BIOS

图 3-16　升级 UEFI BIOS

3.3 高手经验总结

经验一：电脑启动顺序的设置，基本上在每次安装系统时都会用到，必须掌握。不同品牌的电脑的设置方法大同小异。

经验二：对于传统 BIOS 的升级，一定要慎重，如果不是特别必要，轻易不要升级，因为一旦升级失败，就会导致主板无法启动。

经验三：在设置 BIOS 专用密码和开机密码时，一定要先确认"Security Option"选项，"Setup"设置的是 BIOS 密码，"System"设置的是开机密码。

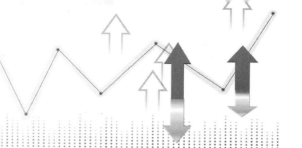

第 **4** 章

安装快速启动的Windows 10系统

学习目标

1. 了解 Windows 10 系统的特点和版本
2. 了解 Windows 10 系统对硬件的要求
3. 掌握用光盘安装 Windows 10 系统的方法
4. 掌握从硬盘安装 Windows 10 系统的方法
4. 掌握用 U 盘安装 Windows 10 系统的方法
6. 掌握用 Ghost 安装 Windows 10 系统的方法
7. 掌握激活 Windows 10 的方法

学习效果

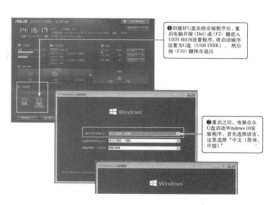

4.1 知识储备

相信很多人都曾因为电脑开机启动时的慢悠悠而着急，这个时候的你一定想过将来要更换一台启动飞快的顶配电脑。其实，不用更换配置最高的电脑，只要掌握本章介绍的方法，你的电脑就可以飞快地启动。

4.1.1 认识 Windows 10 操作系统

问答 1：Windows 10 操作系统有何特点？

Windows 10 是美国微软公司研发的新一代跨平台及设备应用的操作系统。"开始"菜单终于在 Windows 10 中回归，不过，在它的旁边新增加了一个 Modern 风格的区域，将改进的传统风格与新的现代风格结合在一起。

Windows 10 新增了 Multiple Desktops（多桌面）功能，该功能可让用户在同一个操作系统下使用多个桌面环境，即用户可以根据自己的需要，在不同桌面环境间进行切换。

Windows 10 可以在屏幕中同时摆放 4 个程序窗口，还能在单独窗口内显示正在运行的其他应用程序。同时，Windows 10 还会智能地给出分屏建议。

任务栏中出现了一个全新的"查看任务"（Task View）按钮。在桌面模式下可以运行多个应用和对话框，并且可以在不同桌面间自由切换。

Windows 10 中，Internet Explorer 与 Edge 浏览器共存，前者使用传统排版引擎，以兼容旧版本；后者采用全新排版引擎。

问答 2：安装哪个版本的 Windows 10 系统？

Windows 10 包括 7 个不同的版本，分别为家庭版、专业版、企业版、教育版、移动版、移动企业版以及物联网核心版。

（1）Windows 10 家庭版具备 Windows 10 的关键功能，包括全新的"开始"菜单、Edge 浏览器、面向触控屏设备的 Continuum 平板电脑模式、Windows Hello（脸部识别、虹膜、指纹登录）、串流 Xbox One 游戏的能力、通用 Windows 应用（Photos、Maps、Mail、Calendar、Music 和 Video）等。

（2）Windows 10 专业版主要面向技术爱好者和企业/技术人员，它是以家庭版为基础，增添了管理设备和应用，保护敏感的企业数据，支持远程和移动办公，使用云计算技术。

（3）Windows 10 企业版是 Windows 10 系列版功能最全面的版本，它以专业版为基础，增添了大中型企业用来防范针对设备、身份、应用和敏感企业信息的现代安全威胁的先进功能，供微软的批量许可（Volume Licensing）客户使用，用户能选择部署新技术的节奏。

（4）Windows 10 教育版以企业版为基础，面向学校职员、管理人员、教师和学生。它将通过面向教育机构的批量许可计划提供给客户，学校将能够升级 Windows 10 系统。

（5）Windows 10 移动版面向尺寸较小、配置触控屏的移动设备，例如智能手机和小尺寸平板电脑，集成了与 Windows 10 家庭版相同的通用 Windows 应用和针对触控操作优化的 Office。

（6）Windows 10 移动企业版以 Windows 10 移动版为基础，面向企业用户。它将提供给批量许可客户使用，增添了企业管理更新，以及及时获得更新和安全补丁软件的方式。

（7）Windows 10 物联网核心版面向小型低价设备，主要针对物联网设备。微软预计功能更强大的设备，例如 ATM、零售终端、手持终端和工业机器人，将运行 Windows 10 企业版和 Windows 10 移动企业版。

4.1.2　Windows 10 系统的硬件要求

问答 1：32 位 Windows 10 系统的对硬件有何要求？

32 位 Windows 10 系统的硬件要求如表 4-1 所示。

表 4-1　32 位 Windows 10 系统的硬件要求

	最 低 配 备	建 议 配 备	更 佳 配 置
中央处理器	1 GHz（支持 PAE、NX、SSE2）	2 GHz（支持 PAE、NX、SSE2）	2 GHz 多核心处理器
内存	1 GB	2 GB	2 GB DDR3 内存
显卡	带有 WDDM 驱动程序的 Microsoft DirectX9 图形设备	带有 WDDM 驱动程序的 DirectX 10 图形设备；拥有 128MB 的显存	带有 WDDM 驱动程序的 DirectX 11 图形设备；拥有 256MB 的显存
硬盘剩余空间	16 GB	30 GB 以上	64 GB SSD 硬盘

问答 2：64 位 Windows 10 系统对硬件有何要求？

64 位 Windows 10 系统的硬件要求如表 4-2 所示。

表 4-2　64 位 Windows 10 系统的硬件要求

	最 低 配 备	建 议 配 备	更 佳 配 置
中央处理器	2 GHz（支持 PAE、NX、SSE2）	2 GHz（支持 PAE、NX、SSE2）	2 GHz 多核心处理器
内存	2 GB	4 GB	4 GB DDR3 内存
显卡	带有 WDDM 驱动程序的 Microsoft DirectX9 图形设备	带有 WDDM 驱动程序的 DirectX 10 图形设备；拥有 128 MB 的显存	带有 WDDM 驱动程序的 DirectX 11 图形设备；拥有 256MB 的显存
硬盘剩余空间	20 GB	45 GB 以上	128 GB SSD 硬盘

4.2　实战：安装 Windows 操作系统

Windows 10 操作系统的安装方法比较多，常用的有从光盘安装、从 U 盘安装、从镜像安装、升级安装及用 Ghost 安装等，下面重点讲解三种最常用的安装方法。

4.2.1　任务 1：用 U 盘安装快速启动的 Windows 10 系统

从 U 盘安装 Windows 10 操作系统时，首先要从网上下载 Windows 10 系统安装程序，然后用制作工具（如 ULTRAISO）创建好 U 盘安装盘。并将硬盘分区使用 GPT 进行格式化，接着按如图 4-1 所示的方法进行安装。

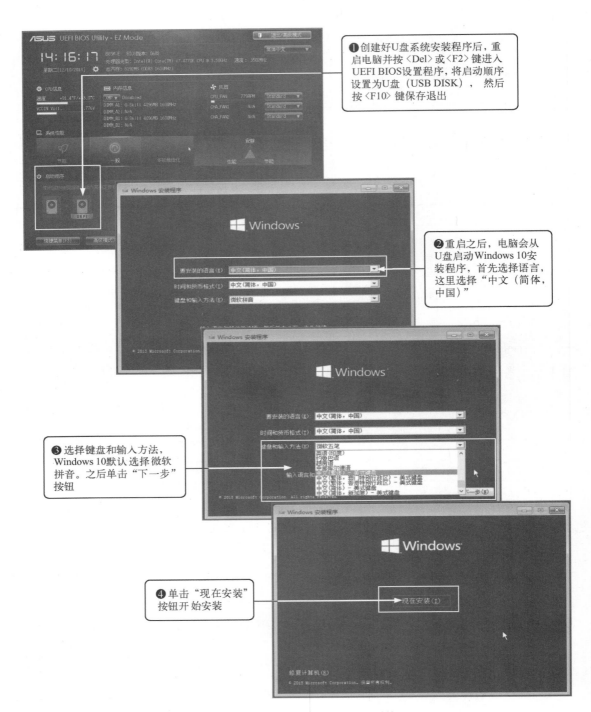

❶创建好U盘系统安装程序后，重启电脑并按〈Del〉或〈F2〉键进入UEFI BIOS设置程序，将启动顺序设置为U盘（USB DISK），然后按〈F10〉键保存退出

❷重启之后，电脑会从U盘启动Windows 10安装程序，首先选择语言，这里选择"中文（简体，中国）"

❸选择键盘和输入方法，Windows 10默认选择微软拼音。之后单击"下一步"按钮

❹单击"现在安装"按钮开始安装

图 4-1　从 U 盘安装 Windows 10 系统

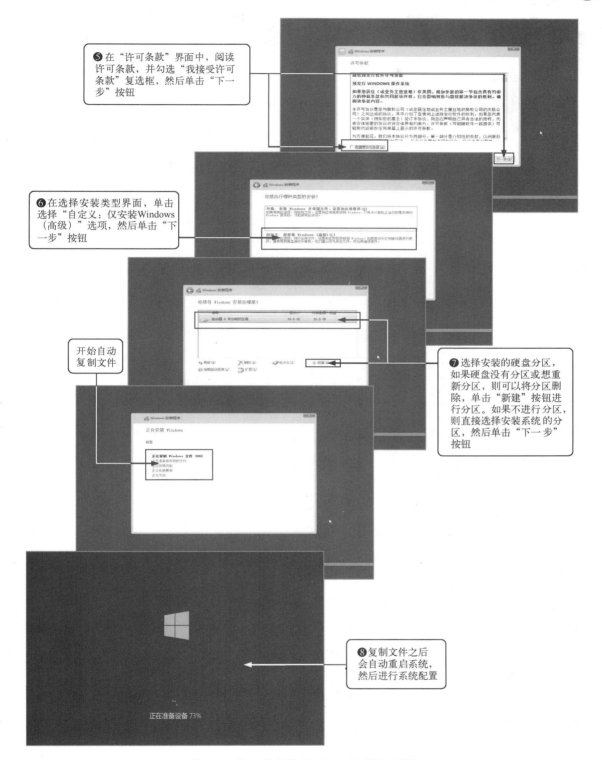

❺在"许可条款"界面中，阅读许可条款，并勾选"我接受许可条款"复选框，然后单击"下一步"按钮

❻在选择安装类型界面，单击选择"自定义：仅安装Windows（高级）"选项，然后单击"下一步"按钮

开始自动复制文件

❼选择安装的硬盘分区，如果硬盘没有分区或想重新分区，则可以将分区删除，单击"新建"按钮进行分区。如果不进行分区，则直接选择安装系统的分区，然后单击"下一步"按钮

❽复制文件之后会自动重启系统，然后进行系统配置

图 4-1　从 U 盘安装 Windows 10 系统（续）

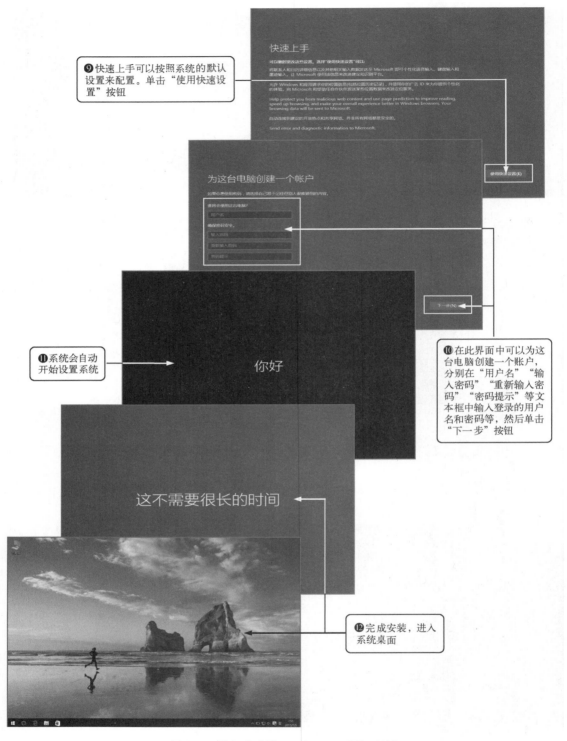

❾快速上手可以按照系统的默认设置来配置。单击"使用快速设置"按钮

❿在此界面中可以为这台电脑创建一个账户，分别在"用户名""输入密码""重新输入密码""密码提示"等文本框中输入登录的用户名和密码等，然后单击"下一步"按钮

⓫系统会自动开始设置系统

⓬完成安装，进入系统桌面

图4-1　从U盘安装Windows 10系统（续）

4.2.2 任务 2：从硬盘安装快速启动的 Windows 10 系统

要从硬盘安装快速启动的 Windows 10 操作系统，首先要将硬盘分区使用 GPT 进行格式化，并且必须使用支持 UEFI BIOS 的主板。从硬盘安装 Windows 10 系统，前提是电脑中必须有系统，比如 Windows 8 或其他操作系统，然后从微软的官方网站上下载 Windows 10 系统的镜像文件，接着就可以安装了，具体方法如图 4-2 所示。

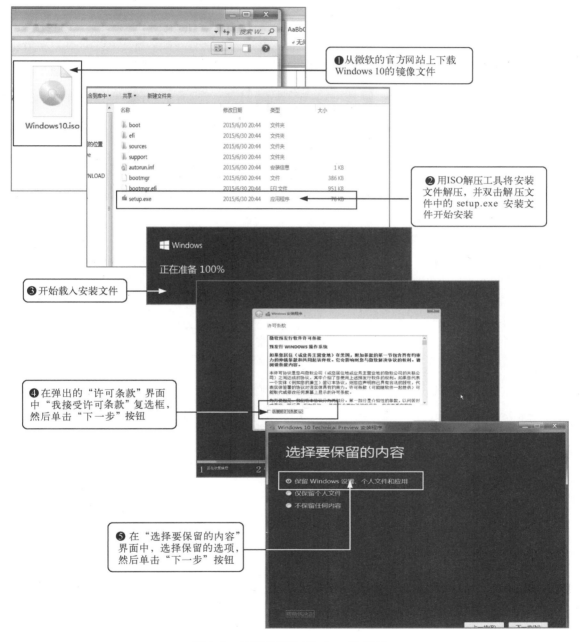

图 4-2 从硬盘安装 Windows 10 系统

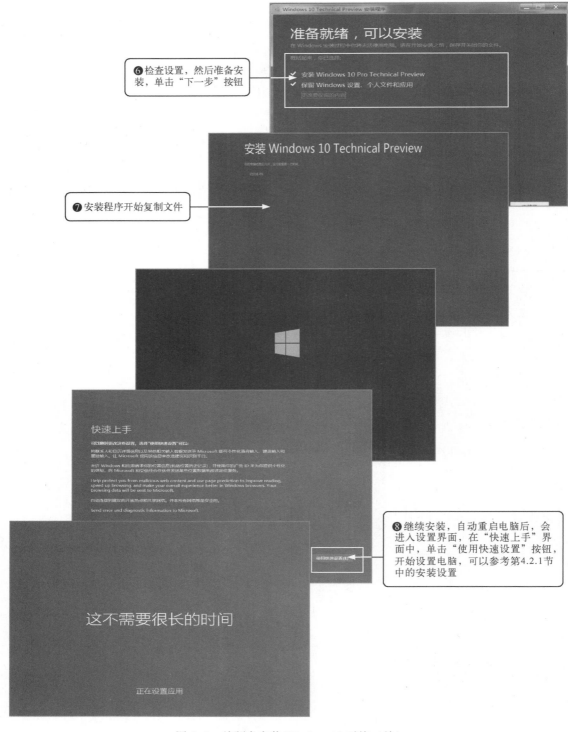

图 4-2 从硬盘安装 Windows 10 系统（续）

从第 7 步开始的安装步骤与第 4.2.1 节中的安装步骤一样，读者可以参考第 4.2.1 节进行安装设置。

4.2.3　任务 3：用光盘安装快速启动的 Windows 10 系统

安装 Windows 10 操作系统还可以从光盘安装，安装时首先要将硬盘分区使用 GPT 进行格式化，接着按下面的方法进行安装，如图 4-3 所示。

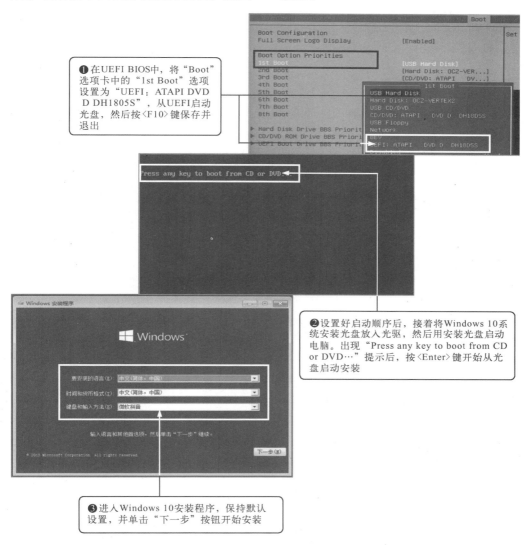

❶在 UEFI BIOS 中，将 "Boot" 选项卡中的 "1st Boot" 选项设置为 "UEFI：ATAPI DVD D DH1805S"，从 UEFI 启动光盘，然后按 <F10> 键保存并退出

❷设置好启动顺序后，接着将 Windows 10 系统安装光盘放入光驱，然后用安装光盘启动电脑。出现 "Press any key to boot from CD or DVD…" 提示后，按 <Enter> 键开始从光盘启动安装

❸进入 Windows 10 安装程序，保持默认设置，并单击 "下一步" 按钮开始安装

图 4-3　用光盘安装 Windows 10 系统

同前，之后的安装步骤和第 4.2.1 节中的安装步骤一样，读者可以参考第 4.2.1 节进行安装。

专家提示

在第一次重启之后，电脑会出现 "Press any key to boot from CD or DVD…" 提示，此时不要按任何键，系统会自动从电脑硬盘启动，并开始设置系统。否则，电脑又会从头开始安装。

4.2.4　任务 4：用 Ghost 安装 Windows 10 系统

用 Ghost 光盘安装 Windows 10 系统的方法如图 4-4 所示。

❶ 将电脑BIOS设置为光盘启动，并将Ghost光盘放入光驱，启动电脑，进入光盘引导页面。接下来根据提示进行操作，图中提示按〈A〉键安装系统到第一分区

❷ 开始安装系统，首先将系统文件复制到电脑

❸ 对系统进行设置，之后就完成安装。大约需要10min

图 4-4　用 Ghost 光盘安装 Windows 10 系统

专家提示

关于 Ghost 程序的菜单功能详解见本书第 10.1.4 节。

4.2.5　任务 5：激活 Windows 10 系统

在安装完 Windows 10 系统后，接着需要先激活 Windows 10，具体方法如图 4-5 所示。

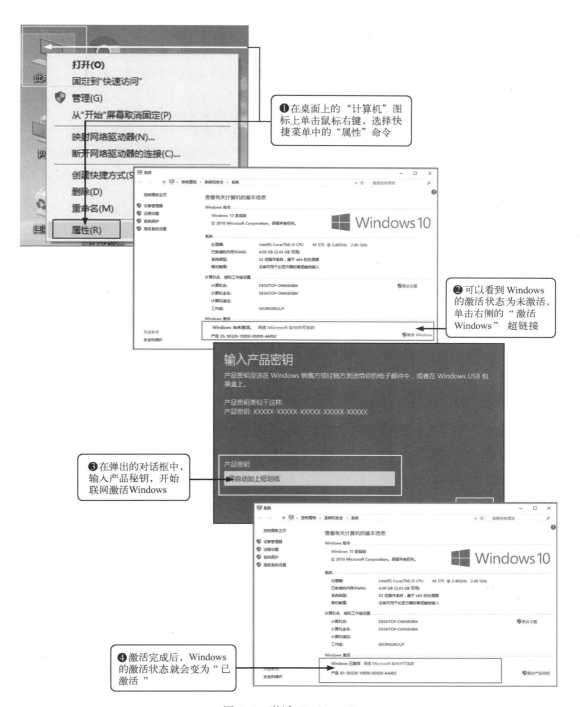

❶在桌面上的"计算机"图标上单击鼠标右键，选择快捷菜单中的"属性"命令

❷可以看到 Windows 的激活状态为未激活，单击右侧的"激活Windows"超链接

❸在弹出的对话框中，输入产品秘钥，开始联网激活Windows

❹激活完成后，Windows 的激活状态就会变为"已激活"

图 4-5 激活 Windows 10

4.3 高手经验总结

经验一：Windows 10 系统中带有大量的驱动程序，一般安装完系统后，很多设备的驱动程序都会自动安装好，但有些设备的驱动程序由于系统没有提供而无法自动安装，需要手动安装。

经验二：一般情况下，默认将系统安装到 C 盘，而 Windows 系统在运行时需要使用一部分 C 盘空间作为虚拟内存，因此在分区时可以将 C 盘分得大一些，不要小于 50GB。

经验三：在系统安装好并将硬件设备驱动程序和使用的软件安装好后，可以使用 Ghost 备份 C 盘，今后电脑出现故障需要重装系统时，用此备份进行恢复，可达到快速安装系统的目的。

第 5 章

安装快速启动的Windows 8系统

学习目标

1. 了解 Windows 8 系统的特点和版本
2. 了解 Windows 8 系统对硬件的要求
3. 掌握用光盘安装 Windows 8 系统的方法
4. 掌握用 U 盘安装 Windows 8 系统的方法
5. 掌握用 Ghost 安装 Windows 8 系统的方法
6. 掌握激活 Windows 8 的方法

学习效果

❶ 在 UEFI BIOS中将"Boot"选项卡中的 "1st Boot"选项设置为"UEFI: ATAPI DVD D DH1805S"，即可从UEFI BIOS 启动光盘，然后按〈F10〉键保存并退出

❷ 设置好启动顺序后，接着将Windows 8系统安装光盘放入光驱，然后用安装光盘启动电脑。出现"Press any key to boot from CD or DVD···"提示后，按〈Enter〉键开始从光盘启动安装

Windows 8安装程序开始加载并安装文件

❸ 完成上面的设置后，进入Windows 8操作系统的开始屏幕。至此，Windows 8操作系统安装完成

Windows 8系统的桌面

5.1　知识储备

本章介绍如何安装快速启动的 Windows 8 操作系统。

5.1.1　认识 Windows 8 操作系统

问答 1：Windows 8 操作系统有何特点？

Windows 8 是由微软公司开发的，曾是具有革命性变化的新一代 Windows 操作系统。Windows 8 支持个人电脑（X86 构架）及平板电脑（ARM 构架）。Windows 8 大幅改变以往的操作逻辑，提供更佳的屏幕触控支持。该系统旨在让人们的日常电脑操作更加简单和快捷，为人们提供高效易行的工作环境。

Windows 8 系统的界面与操作方式与之前的操作系统相比，变化极大，它采用全新的 Metro（新 Windows UI）风格用户界面，各种应用程序、快捷方式等能以动态磁贴的样式呈现在屏幕上，用户可根据需要自行将常用的浏览器、社交网络、游戏等添加到操作界面中。

问答 2：Windows 8 操作系统的名称如何来的？

微软在中国采用以下三种方法进行命名，第一种是按照年份来命名，如 Windows 98、Windows 2000，但微软并不是每年都会推出新品，所以这种方法并不合适，微软后来放弃了这种命名方法。

第二种采用了比较有内涵的命名方式，如 Vista，在英文中，"Vista" 的含义是 "令人愉悦的风景"。但是，外行人看不懂类似于 Vista 的命名，所以这种命名方法也被放弃。

第三种方法也是最简单的方法，即用版本号来命名，上一个版本的名称为 Windows 7，所以它的下一个版本被命名为 Windows 8。

问答 3：安装哪个版本的 Windows 8 系统？

Windows 8 系统主要有标准版、专业版、企业版、和 Windows RT 这几个版本。

其中，Windows 8 标准版主要面向普通用户，可以满足日常使用的需求，因此是普通用户的最佳选择。

Windows 8 专业版主要面向技术爱好者和企业/技术人员，内置了一系列 Windows 8 的增强技术，例如文件系统加密、虚拟磁盘 VHD/VHDX 启动、Hyper－V 虚拟化、域名连接等。

Windows 8 企业版是 Windows 8 系列中功能最全的版本，除了包括 Windows 8 专业版的所有功能，为了满足企业的需求，Windows 8 企业版还增加了 PC 管理和部署、虚拟化等功能。

Windows RT 主要运行在移动 ARM 平台，不单独发售，主要预装在微软 Surface 和其他厂商的平板电脑上。

5.1.2　Windows 8 系统的硬件要求

问答 1：32 位 Windows 8 系统对硬件有何要求？

32 位 Windows 8 系统的硬件要求如表 5–1 所示。

表 5-1　32 位 Windows 8 系统的硬件要求

	最 低 配 备	建 议 配 备	更 佳 配 置
中央处理器	1 GHz（支持 PAE、NX 和 SSE2）	2 GHz（支持 PAE、NX 和 SSE2）	2GHz 多核心处理器
内存	1 GB	2 GB	2 GB DDR3 内存
显卡	带有 WDDM 驱动程序的 Microsoft DirectX9 图形设备	带有 WDDM 驱动程序的 DirectX 10 图形设备；拥有 128 MB 的显存	带有 WDDM 驱动程序的 DirectX 11 图形设备；拥有 256 MB 的显存
硬盘剩余空间	16 GB	30 GB 以上	64 GB SSD 硬盘

问答 2：64 位 Windows 8 系统的对硬件有何要求？

64 位 Windows 8 系统的硬件要求如表 5-2 所示。

表 5-2　64 位 Windows 8 系统的硬件要求

	最 低 配 备	建 议 配 备	更 佳 配 置
中央处理器	2 GHz（支持 PAE、NX 和 SSE2）	2 GHz（支持 PAE、NX 和 SSE2）	2 GHz 多核心处理器
内存	2 GB	4 GB	4 GB DDR3 内存
显卡	带有 WDDM 驱动程序的 Microsoft DirectX9 图形设备	带有 WDDM 驱动程序的 DirectX 10 图形设备；拥有 128 MB 的显存	带有 WDDM 驱动程序的 DirectX 11 图形设备；拥有 256 MB 的显存
硬盘剩余空间	20 GB	45 GB 以上	128 GB SSD 硬盘

5.2　实战：安装 Windows 操作系统

Windows 8 操作系统的安装方法比较多，常用的方法有用光盘安装、用 U 盘安装、用镜像安装、升级安装及用 Ghost 安装等，下面重点讲解几种常用的安装方法。

5.2.1　任务 1：用光盘安装快速启动的 Windows 8 系统

前面的章节讲过，安装快速启动的系统的条件是支持 GPT 分区格式的硬盘和支持 UEFI BIOS 的主板。在安装系统前，首先要将硬盘的分区转化为 GPT 格式，然后在 UEFI BIOS 中设置启动顺序，并放入光盘，启动安装。这里以联想笔记本电脑为例讲解，具体过程见图 5-1。

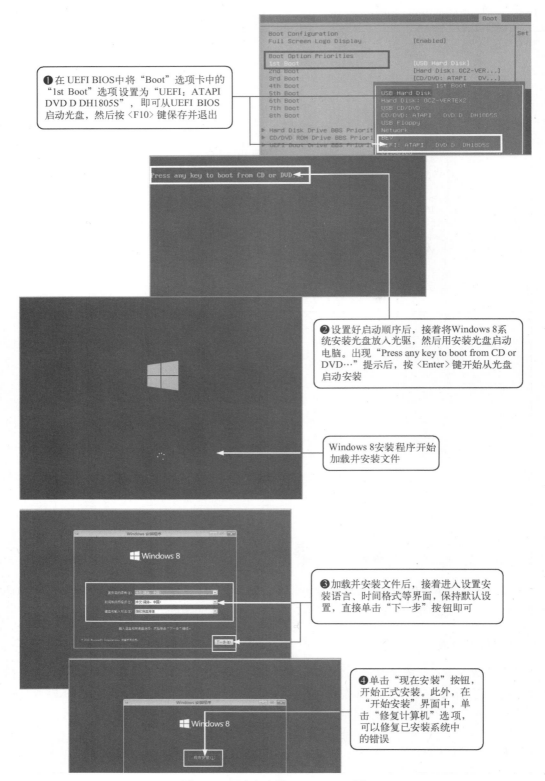

❶ 在 UEFI BIOS 中将 "Boot" 选项卡中的 "1st Boot" 选项设置为 "UEFI: ATAPI DVD D DH1805S"，即可从 UEFI BIOS 启动光盘，然后按 <F10> 键保存并退出

❷ 设置好启动顺序后，接着将 Windows 8 系统安装光盘放入光驱，然后用安装光盘启动电脑。出现 "Press any key to boot from CD or DVD…" 提示后，按 <Enter> 键开始从光盘启动安装

Windows 8 安装程序开始加载并安装文件

❸ 加载并安装文件后，接着进入设置安装语言、时间格式等界面，保持默认设置，直接单击 "下一步" 按钮即可

❹ 单击 "现在安装" 按钮，开始正式安装。此外，在 "开始安装" 界面中，单击 "修复计算机" 选项，可以修复已安装系统中的错误

图 5-1 用光盘安装 Windows 8 系统

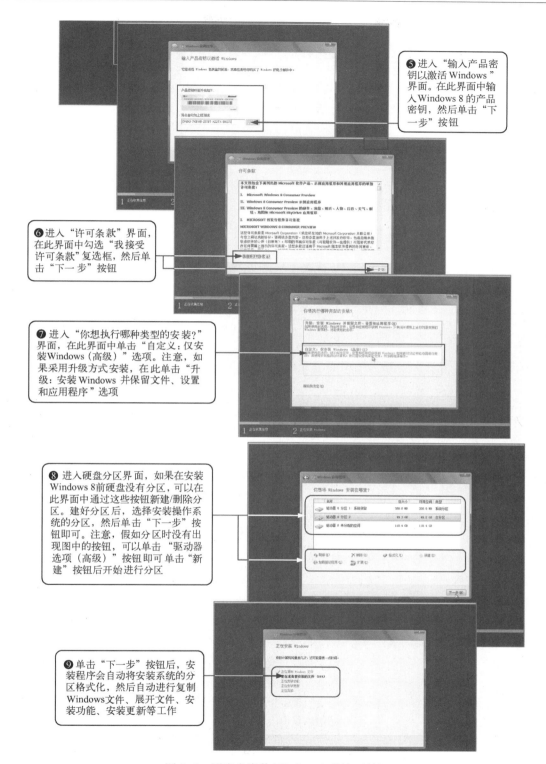

❺ 进入"输入产品密钥以激活 Windows"界面。在此界面中输入 Windows 8 的产品密钥，然后单击"下一步"按钮

❻ 进入"许可条款"界面，在此界面中勾选"我接受许可条款"复选框，然后单击"下一步"按钮

❼ 进入"你想执行哪种类型的安装？"界面，在此界面中单击"自定义：仅安装Windows（高级）"选项。注意，如果采用升级方式安装，在此单击"升级：安装 Windows 并保留文件、设置和应用程序"选项

❽ 进入硬盘分区界面，如果在安装 Windows 8 前硬盘没有分区，可以在此界面中通过这些按钮新建/删除分区。建好分区后，选择安装操作系统的分区，然后单击"下一步"按钮即可。注意，假如分区时没有出现图中的按钮，可以单击"驱动器选项（高级）"按钮即可单击"新建"按钮后开始进行分区

❾ 单击"下一步"按钮后，安装程序会自动将安装系统的分区格式化，然后自动进行复制 Windows文件、展开文件、安装功能、安装更新等工作

图 5-1　用光盘安装 Windows 8 系统（续）

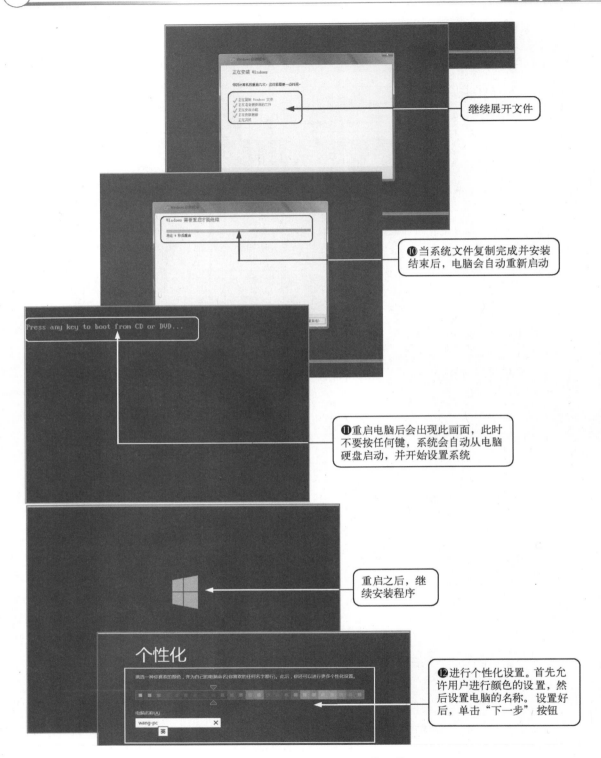

图 5-1　用光盘安装 Windows 8 系统（续）

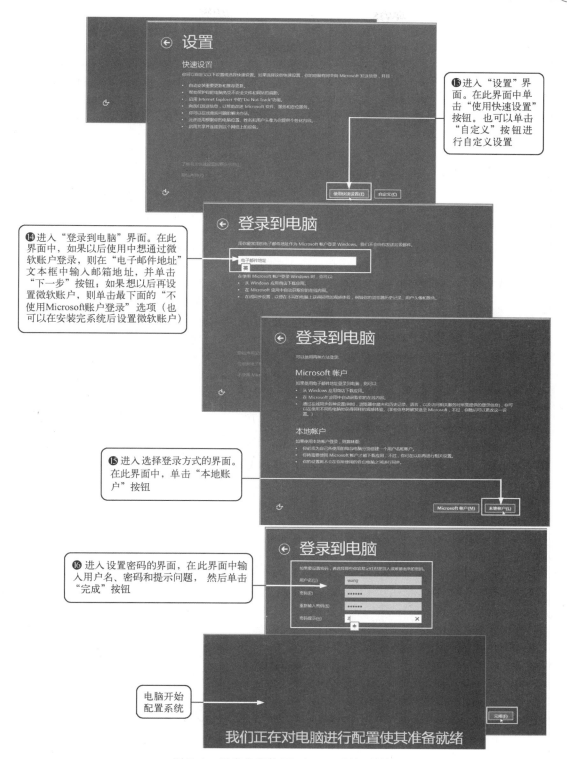

❸进入"设置"界面。在此界面中单击"使用快速设置"按钮。也可以单击"自定义"按钮进行自定义设置

❹进入"登录到电脑"界面。在此界面中，如果以后使用中想通过微软账户登录，则在"电子邮件地址"文本框中输入邮箱地址，并单击"下一步"按钮；如果想以后再设置微软账户，则单击最下面的"不使用Microsoft账户登录"选项（也可以在安装完系统后设置微软账户）

❺进入选择登录方式的界面。在此界面中，单击"本地账户"按钮

❻进入设置密码的界面，在此界面中输入用户名、密码和提示问题，然后单击"完成"按钮

电脑开始配置系统

图 5-1　用光盘安装 Windows 8 系统（续）

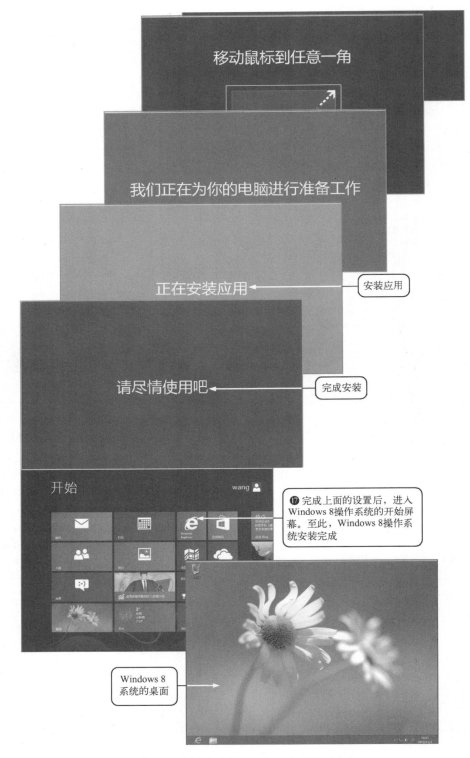

图 5-1　用光盘安装 Windows 8 系统（续）

5.2.2　任务 2：用 U 盘安装快速启动的 Windows 8 系统

Windows 8 操作系统还可以从 U 盘进行安装。首先要从网上下载 Windows 8 系统安装程序，然后用制作工具（如 ULTRAISO）创建好 U 盘安装盘，并将硬盘分区格式化为 GPT 格式，接着按如图 5-2 所示的方法。

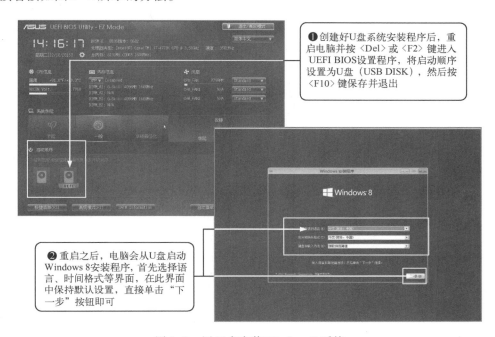

❶创建好U盘系统安装程序后，重启电脑并按〈Del〉或〈F2〉键进入 UEFI BIOS设置程序，将启动顺序设置为U盘（USB DISK），然后按〈F10〉键保存并退出

❷重启之后，电脑会从U盘启动Windows 8安装程序，首先选择语言、时间格式等界面，在此界面中保持默认设置，直接单击"下一步"按钮即可

图 5-2　用 U 盘安装 Windows 8 系统

之后的安装步骤和第 5.2.1 节中的安装方法一样，读者可参考第 5.2.1 节进行安装。

5.2.3　任务 3：用 Ghost 安装 Windows 8 系统

很多商家或电脑爱好者制作了快捷的 Ghost 光盘。光盘中有用 Ghost 处理了的 Windows 系统安装程序，以及一些工具，方便普通用户使用。用 Ghost 安装 Windows 8 系统的方法如图 5-3 所示。

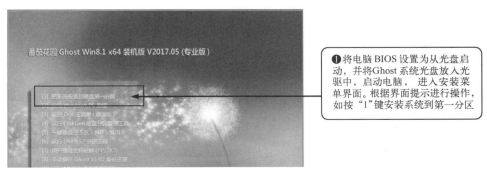

❶将电脑 BIOS 设置为从光盘启动，并将Ghost系统光盘放入光驱中，启动电脑，进入安装菜单界面。根据界面提示进行操作，如按"1"键安装系统到第一分区

图 5-3　用 Ghost 安装 Windows 8 系统的方法

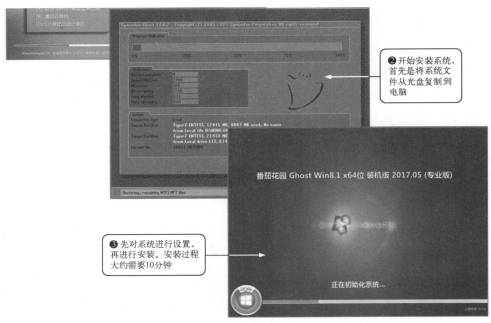

❷开始安装系统，首先是将系统文件从光盘复制到电脑

❸先对系统进行设置，再进行安装。安装过程大约需要10分钟

图 5-3　用 Ghost 安装 Windows 8 系统的方法（续）

专家提示

关于 Ghost 程序的菜单功能详解见本书第 10.1.4 节。

5.2.4　任务 4：激活 Windows 8 系统

在安装完 Windows 8 系统后，接着需要激活 Windows 8，激活方法如图 5-4 所示。

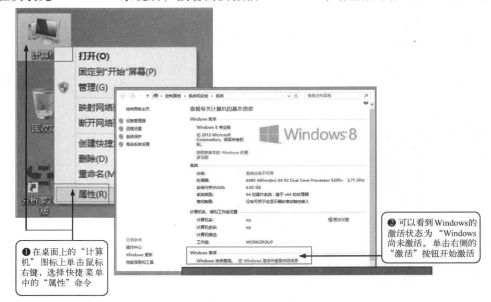

❶在桌面上的"计算机"图标上单击鼠标右键，选择快捷菜单中的"属性"命令

❷可以看到 Windows 的激活状态为"Windows 尚未激活。单击右侧的"激活"按钮开始激活

图 5-4　激活 Windows 8

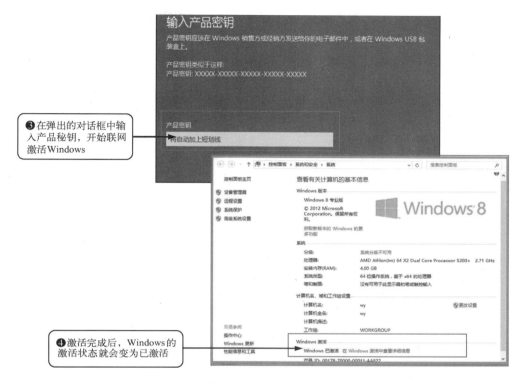

图 5-4　激活 Windows 8（续）

5.3　高手经验总结

经验一：要想让电脑开机速度变快，首先，硬盘必须采用 GPT 格式，其次，电脑必须支持 UEFI BIOS。

经验二：在用光盘安装 Windows 8 系统的过程中，在第一次重启电脑后，不要按任何键，否则又会从头开始安装。

经验三：用 Ghost 安装 Windows 8 系统的方法非常简单方便，可以制作一个 Ghost 安装盘，以便日后维修电脑时可以快速安装系统。

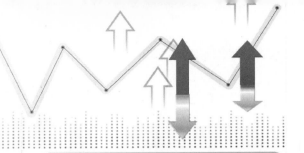

第 **6** 章

快速安装多操作系统

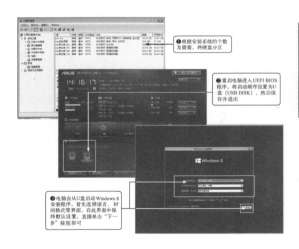

学习目标

1. 掌握安装多操作系统的方法
2. 掌握多操作系统的安装流程
3. 掌握 Windows 8 和 Windows 10 双系统安装方法
4. 掌握 Windows 10 和 Linux 双系统安装方法
5. 掌握苹果 OS ×和 Windows 10 双系统安装方法

学习效果

❶根据安装系统的个数及需要，将硬盘分区

❷重启电脑进入 UEFI BIOS 程序，将启动顺序设置为U盘（USB DISK），然后保存并退出

❸电脑会从U盘启动 Windows 8 安装程序，首先选择语言、时间格式等界面，在此界面中保持默认设置，直接单击"下一步"按钮即可

❶进入OS X系统，下载Windows 10 系统的ISO文件（如果已经有ISO系统文件，则将其复制到电脑中），接着单击"Launchpad"，然后再单击"其他"图标

❷插入一个4GB的U盘，并打开"Boot Camp助理"程序

❸单击"继续"按钮

6.1 知识储备

在实际工作中，经常会遇到应用软件与操作系统不兼容，或在一个系统下安装过多软件而引起冲突的情况，这时就需要将应用软件安装在另一个兼容的操作系统中，这就需要在一台电脑上安装多个操作系统来解决类似问题。本章将讲解如何在一台电脑上安装多个操作系统。

6.1.1 多操作系统的安装原则

问答 1：如何规划安装多操作系统电脑的分区？

在安装多操作系统之前，要对硬盘进行合理的分区。在分区时一定要按照操作系统的需求，尽量做到既不浪费磁盘空间，也不会导致空间不足的现象发生。

最好将每个操作系统安装在独立的硬盘或者分区中，这样就不会引起文件间的冲突。如果两个系统安装在一个分区，就有可能造成文件冲突，导致两个系统都不能使用。

问答 2：多操作系统一般按什么顺序进行安装？

多操作系统安装一般按照版本由低到高的顺序安装，即先安装较低的版本，再安装较高的版本。目前常用 Windows 操作系统的版本从低到高的顺序是：Windows XP→Windows 7→Windows 8→Windows 10。对初学者来说，按照这个顺序安装多操作系统，可以省去很多麻烦，不必修改启动设置，也不用担心安装的系统不能正常使用。

6.1.2 多操作系统的安装流程

多操作系统的安装流程如图 6-1 所示。

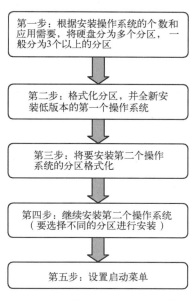

图 6-1 多操作系统的安装流程

6.2 实战：安装多操作系统

目前主流的操作系统有 Windows 8、Windows 10 系统，还有部分用户用 Windws 7 系统或 Linux 系统等。由于个别软件对最新的 Windows 10 系统有兼容问题，因此有些用户选择安装双系统或多系统，如 Windows 8 和 Windows 10 双系统，Windows 7 和 Windows 10 双系统，Windows 10 和 Linux 双系统等，下面具体讲解多操作系统的安装方法。

6.2.1 任务 1：安装 Windows 8 和 Windows 10 双系统

双操作系统的安装方法并不是很复杂，而且不同的双系统的安装方法大同小异。

安装 Windows 8 和 Windows 10 双系统的方法如图 6-2 所示。这里使用 U 盘进行安装。

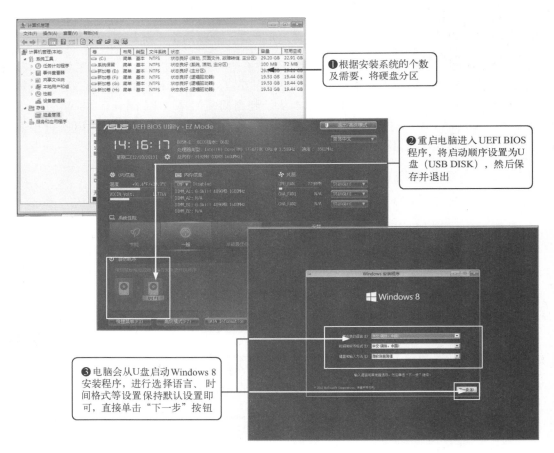

图 6-2　安装 Windows 8 和 Windows 10 双系统

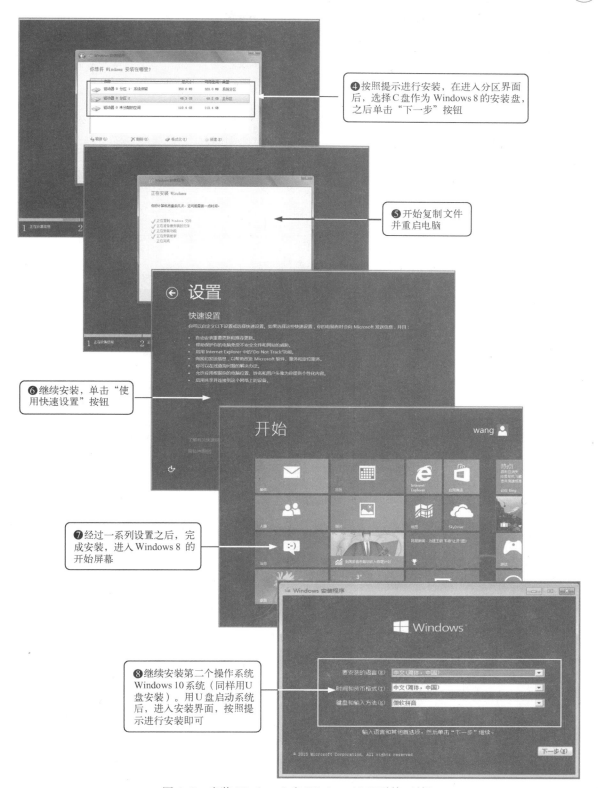

❹ 按照提示进行安装，在进入分区界面后，选择 C 盘作为 Windows 8 的安装盘，之后单击"下一步"按钮

❺ 开始复制文件并重启电脑

❻ 继续安装，单击"使用快速设置"按钮

❼ 经过一系列设置之后，完成安装，进入 Windows 8 的开始屏幕

❽ 继续安装第二个操作系统 Windows 10 系统（同样用 U 盘安装）。用 U 盘启动系统后，进入安装界面，按照提示进行安装即可

图 6-2　安装 Windows 8 和 Windows 10 双系统（续）

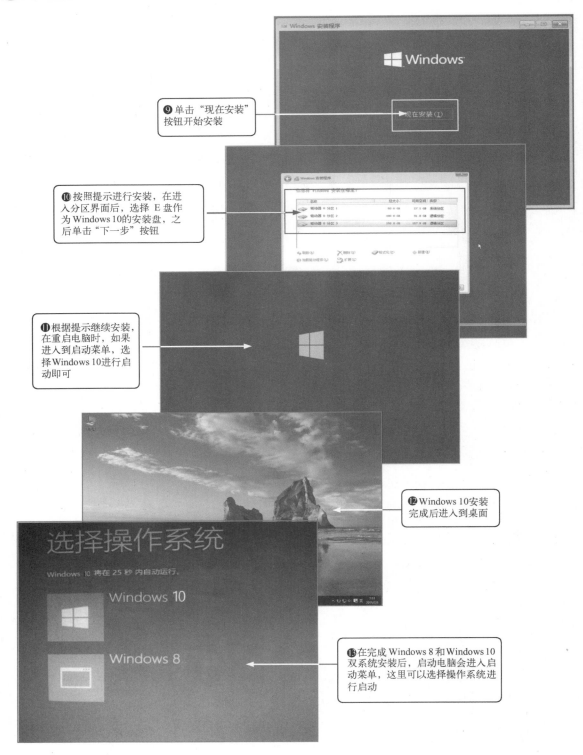

❾单击"现在安装"按钮开始安装

❿按照提示进行安装，在进入分区界面后，选择 E 盘作为 Windows 10的安装盘，之后单击"下一步"按钮

⓫根据提示继续安装，在重启电脑时，如果进入到启动菜单，选择Windows 10进行启动即可

⓬Windows 10安装完成后进入到桌面

⓭在完成 Windows 8 和Windows 10 双系统安装后，启动电脑会进入启动菜单，这里可以选择操作系统进行启动

图6-2 安装 Windows 8 和 Windows 10 双系统（续）

专家提示

具体安装细节，读者可以参考第 4 章和第 5 章中 Windows 8 和 Windows 10 的安装步骤。

6.2.2　任务 2：安装 Windows 10 和 Linux 双系统

如果用户需要安装 Windows 10 和 Linux 双系统，则必须先安装 Windows 10 系统，再安装 Linux 系统。

安装前一定要对硬盘规划好，即确定好 Linux 安装在哪个分区。因为 Linux 支持的分区格式与 Windows 支持的分区格式互不兼容，所以 Linux 必须安装在单独的分区下。另外，Linux 应安装在硬盘分区的最后一个扩展分区。例如，原来分区为 C、D、E、F，一定要将 Linux 安装在 F 盘。如果将 Linux 安装在了 D 盘，那么进入 Windows 10 后，原来的 E 盘成了 D 盘，F 盘成了 E 盘。虽然各盘的软件都还能运行，但是桌面、"开始"菜单的快捷键却都已无效。更麻烦的是，注册表内还是原先 E、F 盘的信息。

安装前预留安装 Linux 的分区，先不要对该分区进行再分区，即先留出来一个未分配空间（以便稍后在 Red Hat Linux 安装过程中再进行分配）。当然，如果使用已分好区的扩展分区也可以（最好记住它的大小，在 Linux 中可没有 C 盘、D 盘、E 盘的概念）。Red Hat Linux 9 的最小安装只需几百兆，建议至少留出 5 GB 的硬盘空间，20 GB 比较理想。

Windows 10 和 Linux 双系统的安装方法如图 6-3 所示。

❶ 根据安装系统的个数及需要，将硬盘分区。同时预留 20GB 的未分配空间

❸ 依据安装提示进行安装，直到完成安装

❷ 开始从 U 盘安装 Windows 10 系统，在进入分区界面后，选择 C 盘作为 Windows 10 的安装盘，之后单击"下一步"按钮

图 6-3　安装 Windows 10 和 Linux 双系统

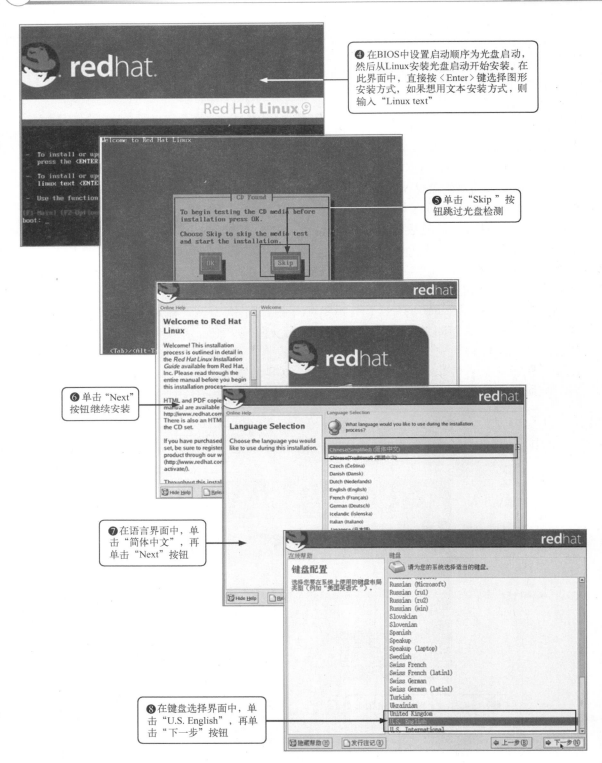

图 6-3　安装 Windows 10 和 Linux 双系统（续）

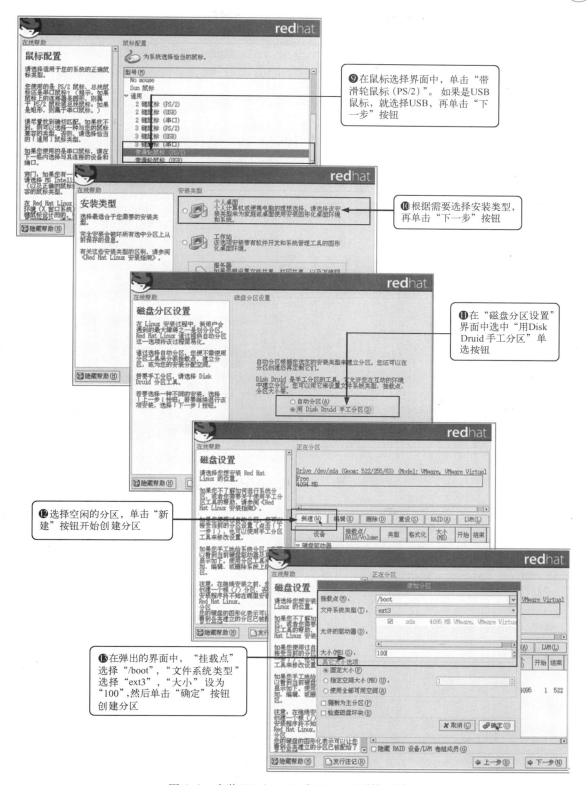

❾在鼠标选择界面中，单击"带滑轮鼠标（PS/2）"。如果是USB鼠标，就选择USB，再单击"下一步"按钮

❿根据需要选择安装类型，再单击"下一步"按钮

⓫在"磁盘分区设置"界面中选中"用Disk Druid手工分区"单选按钮

⓬选择空闲的分区，单击"新建"按钮开始创建分区

⓭在弹出的界面中，"挂载点"选择"/boot"，"文件系统类型"选择"ext3"，"大小"设为"100"，然后单击"确定"按钮创建分区

图 6-3　安装 Windows 10 和 Linux 双系统（续）

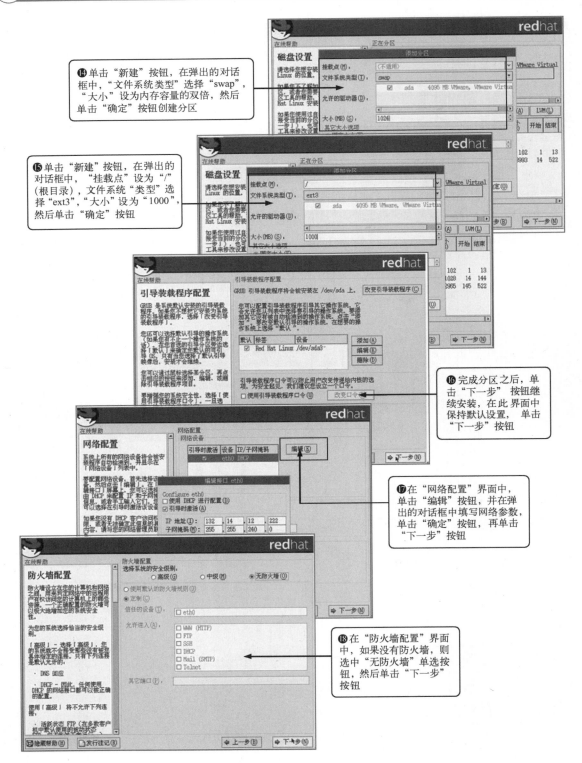

⓮单击"新建"按钮,在弹出的对话框中,"文件系统类型"选择"swap","大小"设为内存容量的双倍,然后单击"确定"按钮创建分区

⓯单击"新建"按钮,在弹出的对话框中,"挂载点"设为"/"(根目录),文件系统"类型"选择"ext3","大小"设为"1000",然后单击"确定"按钮

⓰完成分区之后,单击"下一步"按钮继续安装,在此界面中保持默认设置,单击"下一步"按钮

⓱在"网络配置"界面中,单击"编辑"按钮,并在弹出的对话框中填写网络参数,单击"确定"按钮,再单击"下一步"按钮

⓲在"防火墙配置"界面中,如果没有防火墙,则选中"无防火墙"单选按钮,然后单击"下一步"按钮

图 6-3　安装 Windows 10 和 Linux 双系统（续）

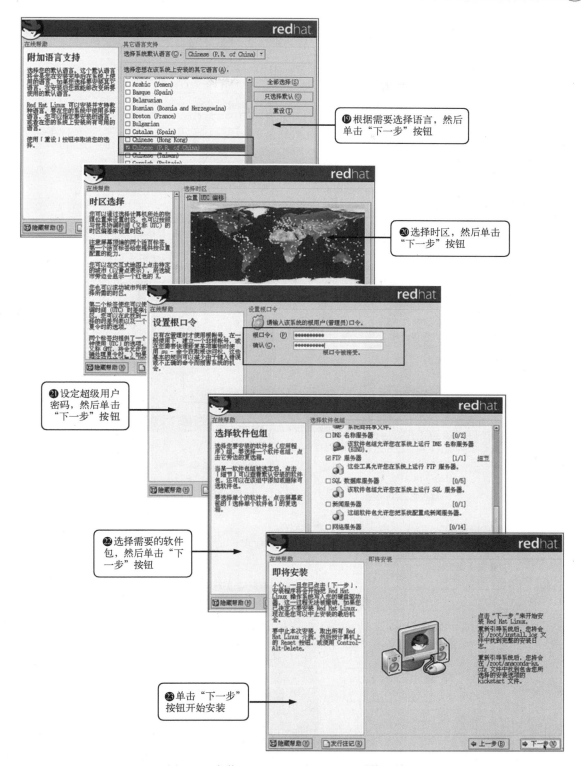

图 6-3　安装 Windows 10 和 Linux 双系统（续）

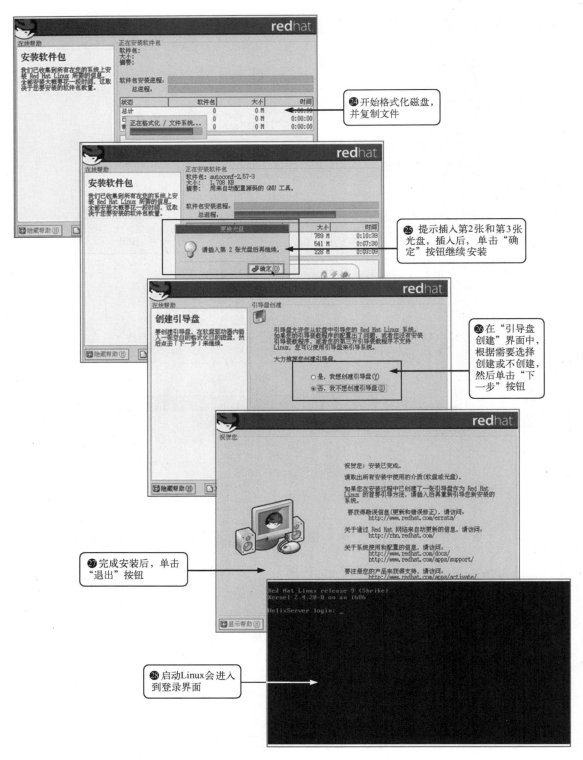

图 6-3　安装 Windows 10 和 Linux 双系统（续）

6.2.3　任务3：安装苹果 OS × 和 Windows 10 双系统

苹果电脑安装的是 OS × 系统，这个系统不能满足用户安装某些第三方软件和游戏的需求，所以很多人购买苹果电脑后，就想再装一个 Windows 系统，以方便使用。下面将详细讲解如何安装 OS × 和 Windows 10 双系统。具体安装方法如图 6-4 所示。

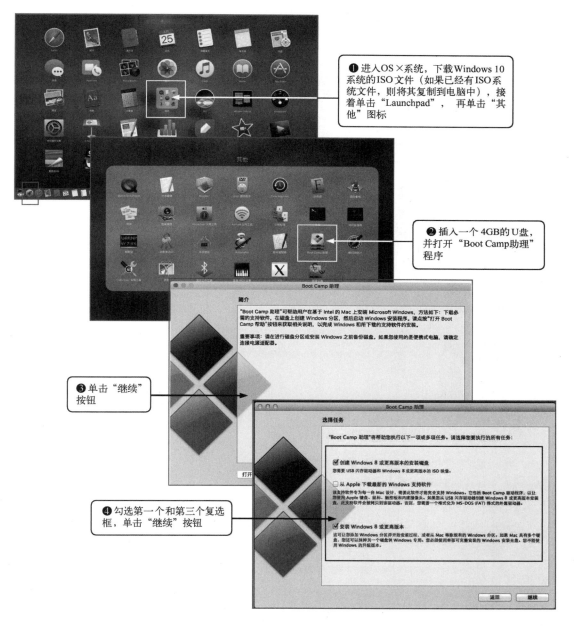

❶ 进入OS×系统，下载Windows 10 系统的ISO文件（如果已经有ISO系统文件，则将其复制到电脑中），接着单击"Launchpad"，再单击"其他"图标

❷ 插入一个 4GB 的 U盘，并打开"Boot Camp助理"程序

❸ 单击"继续"按钮

❹ 勾选第一个和第三个复选框，单击"继续"按钮

图 6-4　安装 OS × 和 Windows 10 双系统

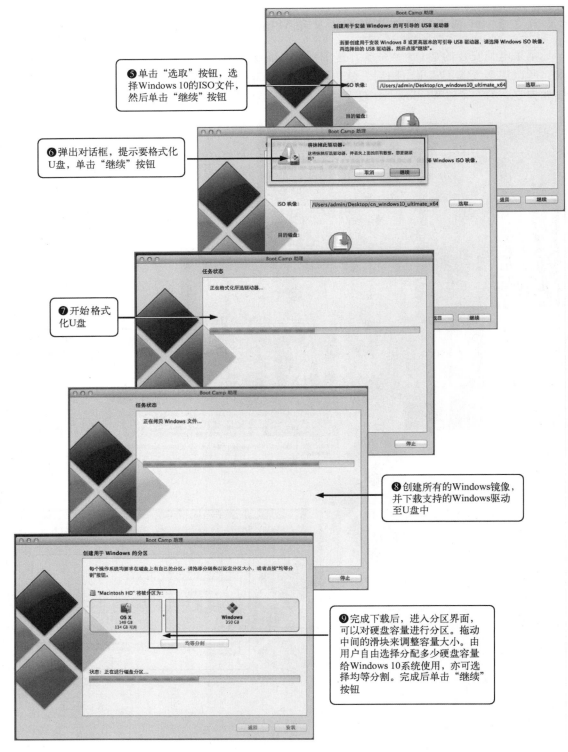

❺ 单击"选取"按钮，选择Windows 10的ISO文件，然后单击"继续"按钮

❻ 弹出对话框，提示要格式化U盘，单击"继续"按钮

❼ 开始格式化U盘

❽ 创建所有的Windows镜像，并下载支持的Windows驱动至U盘中

❾ 完成下载后，进入分区界面，可以对硬盘容量进行分区。拖动中间的滑块来调整容量大小。由用户自由选择分配多少硬盘容量给Windows 10系统使用，亦可选择均等分割。完成后单击"继续"按钮

图 6-4　安装 OS ×和 Windows 10 双系统（续）

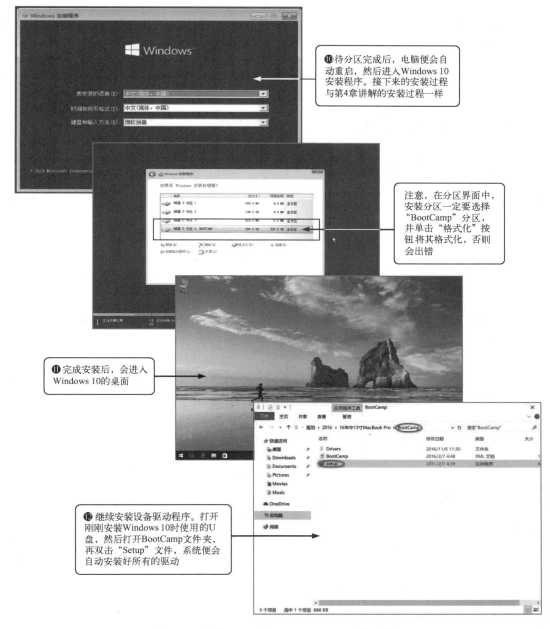

⓾待分区完成后，电脑便会自动重启，然后进入Windows 10安装程序。接下来的安装过程与第4章讲解的安装过程一样

注意，在分区界面中，安装分区一定要选择"BootCamp"分区，并单击"格式化"按钮将其格式化，否则会出错

⓫完成安装后，会进入Windows 10的桌面

⓬继续安装设备驱动程序。打开刚刚安装Windows 10时使用的U盘，然后打开BootCamp文件夹，再双击"Setup"文件，系统便会自动安装好所有的驱动

图 6-4　安装 OS ×和 Windows 10 双系统（续）

专家提示

　　用户准备启动电脑时，在按电源键后，电脑发出开机提示声音，且屏幕出现灰白色的时候，立即按下 Option 键，直到系统启动选择界面出现之后再松手。这里再选择启动 OS ×系统或者 Windows 10 系统。

6.3 高手经验总结

经验一：多操作系统的安装，一般按照版本由低到高的顺序安装。即先安装较低的版本，再安装较高的版本。

经验二：在安装多操作系统之前，要对硬盘进行合理的分区。在分区时一定要按照操作系统的需求，尽量做到既不浪费磁盘空间，也不会导致空间不足的现象发生。

经验三：在 OS × 系统中，想实现下次启动电脑时直接进入 Windows 10 系统。可以先打开 OS × 系统中的"系统偏好设置"应用，再单击"启动磁盘"图标，接着在打开的窗口中选择"BootCAMP Windows"，然后单击"重新启动"按钮，即可让电脑每次启动时都直接启动 Windows 10 系统。

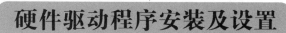

硬件驱动程序安装及设置

 学习目标

1. 掌握硬件驱动程序的查看方法
2. 掌握电脑自动安装驱动程序的方法
3. 掌握安装电脑硬件驱动程序的方法

 学习效果

❶查看桌面右下角的任务栏中有无网络图标，若有，则无线网卡驱动已经安装好，若没有，则没有装好

❷查看桌面右下角的任务栏上有无小喇叭，若有，则声卡驱动已经安装好，若没有，则没有装好

硬件设备附带的驱动光盘

将光盘放入光驱后，会自动进入安装界面引导用户安装相应的驱动程序，选择相应的选项即可安装相应的驱动程序

❸在桌面"此电脑"（"或计算机"）图标上单击鼠标右键，选择"属性"命令，在打开的"系统属性"窗口中单击右侧的"设备管理器"选项，打开"设备管理器"窗口。在"设备管理器"窗口中可以查看设备的状态，单击设备左边的箭头可展开设备的驱动程序列表，如某设备带黄色问号，则该设备的驱动程序没有安装

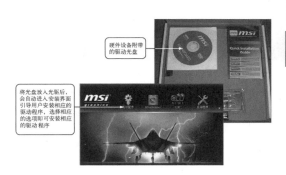

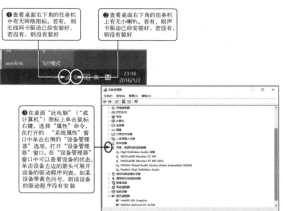

安装完操作系统之后，要想让硬件设备正常工作，还必须安装并设置各硬件的驱动程序。驱动程序是一种让电脑与各种硬件设备通信的特殊程序，操作系统通过驱动程序控制电脑上的硬件设备。驱动程序是硬件设备和操作系统之间的桥梁，由它把硬件设备自身的功能告诉操作系统，同时将标准的操作系统指令转化成特殊的外设专用命令，从而保证硬件设备的正常工作。

7.1 知识储备

7.1.1 硬件驱动程序基本知识

问答1：如何查看某设备驱动程序是否安装了？

为了提高安装操作系统的效率，Windows 操作系统包含了大量设备的驱动程序。在安装操作系统时，Windows 会自动安装好相应的驱动程序。但有些新设备的驱动程序操作系统中不带，也就不会自动装上，因此在装完系统后，有必要检查一下设备的驱动程序是否全部安装。查看设备驱动程序是否装好的方法如图 7-1 所示。

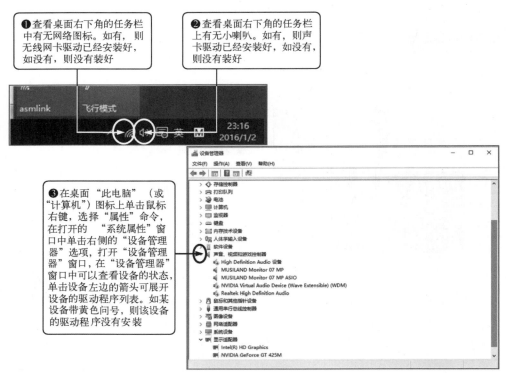

图 7-1 查看设备驱动是否装好

问答2：需要安装哪些驱动程序？

安装完操作系统后需要安装的驱动程序主要有以下几个。

（1）主板芯片组（Chipset）驱动程序。

（2）显卡（Video）驱动程序。

（3）声卡（Audio）驱动程序。

（4）网卡（Network）驱动程序。

（5）键盘、鼠标驱动程序。

在安装系统时，因为 Windows 操作系统带有大量的设备驱动程序，所以有些设备的驱动程序会自动装好，而有些新设备的驱动程序需要手动安装。

问答 3：先装哪个设备的驱动程序？

驱动程序的安装顺序非常重要，如果不按顺序安装，有可能会造成频繁地非法操作、部分硬件不能被 Windows 识别或出现资源冲突，甚至会出现黑屏死机等现象。

驱动程序的安装顺序如下。

（1）先安装主板的驱动程序，其中最需要安装的是主板识别和管理硬盘的驱动程序。

（2）再依次安装显卡、声卡、网卡、打印机、鼠标等驱动程序，这样就能让各硬件发挥最优的效果。

7.1.2 获得硬件驱动程序

问答 1：从哪里找硬件的驱动程序？

一般购买电脑硬件设备时，包装盒内会带有一张驱动程序安装光盘（简称驱动光盘），如图 7-2 所示。

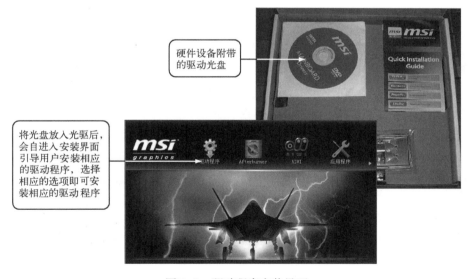

硬件设备附带的驱动光盘

将光盘放入光驱后，会自进入安装界面引导用户安装相应的驱动程序，选择相应的选项即可安装相应的驱动程序

图 7-2　驱动程序安装界面

问答 2：如何从网上下载驱动程序？

通过网络一般都可以找到绝大部分硬件设备的驱动程序，获取资源也非常方便。用户可通下以下几种方式来获得驱动程序。

（1）访问电脑硬件厂商的官方网站。当硬件的驱动程序有新版本发布时，在其官方网站都可以找到。

（2）访问专业的驱动程序下载网站。用户可以到一些专业的驱动程序下载网站下载驱动程序，如驱动之家网站，网址为 http//www.mydrivers.com/。在这些网址中，可以找到几乎所有硬件设备的驱动程序，并且提供多个版本供用户选择。

专家提示

下载驱动程序时要注意该程序所支持的操作系统类型和硬件的型号，硬件的型号可从产品说明书或使用 Everest 等软件检测得到。

7.2　实战：硬件驱动程序的安装和设置

电脑硬件的驱动程序的安装方法有多种，可以通过手动安装，可以让电脑自动安装，也可以通过网络安装。下面详细讲解其安装方法。

7.2.1　任务1：通过网络自动安装驱动程序

如果 Windows 能够在系统驱动程序库中找到合适的硬件驱动程序，那么会在不需要用户干涉的前提下自动安装正确的驱动程序。图7-3 所示提示正在安装设备驱动程序。

图7-3　自动安装设备驱动程序

如果 Windows 在自带的驱动程序库中无法找到对应的硬件驱动程序，则会弹出"发现新硬件"对话框，提示用户安装硬件驱动程序。

在安装硬件驱动程序过程中，Windows 系统会首先从网络搜索硬件的驱动程序并安装，安装方法如图7-4 所示。

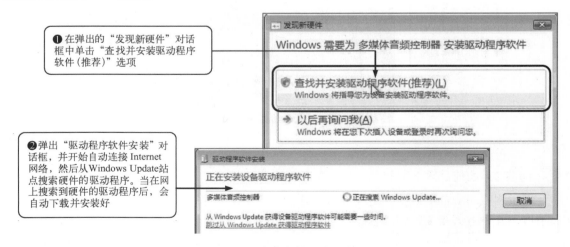

图7-4　自动安装驱动程序

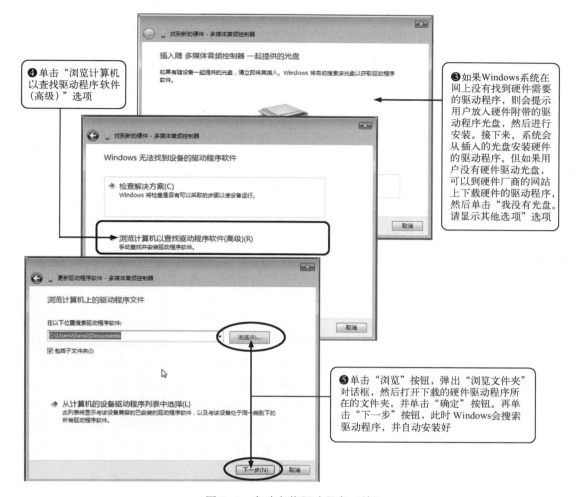

图 7-4 自动安装驱动程序（续）

7.2.2 任务 2：手动安装并设置驱动程序

目前绝大多数硬件厂商都已开发人性化的驱动程序，例如，当用户放入光盘后，自动弹出漂亮的多媒体安装界面，用户只要在该界面中单击相应的按钮即可进入驱动程序安装向导。

但有一些小厂的硬件可能采用公版驱动程序，这类驱动程序没有安装文件，只提供 INF 格式的驱动文件。这类驱动程序则需要手动安装。

手动安装驱动程序的方法如图 7-5 所示（这里以 Windows 10 系统为例）。

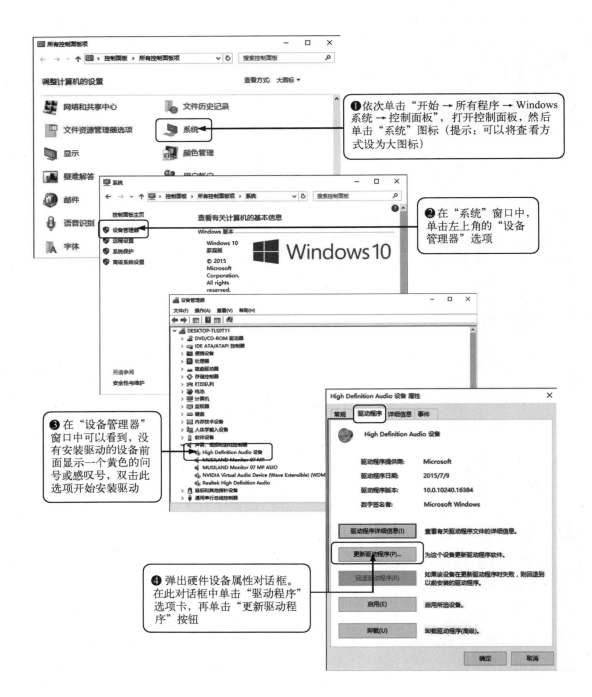

图 7-5　手动安装驱动程序

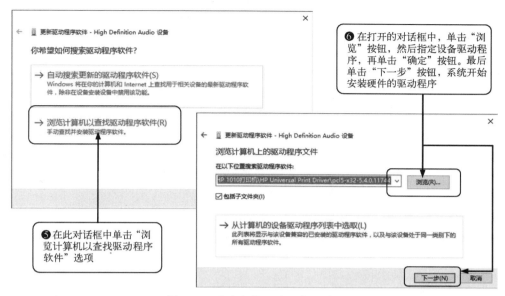

图 7-5　手动安装驱动程序（续）

7.2.3　任务3：让电脑自动更新驱动程序

为了使硬件设备支持更多的功能，或为了解决硬件驱动程序的漏洞，硬件厂商会不断更新硬件设备的驱动程序。同时，微软公司的网站也会不断提供很多设备的新版本驱动程序，用户可以让系统自动更新设备驱动程序。

自动更新硬件驱动程序的方法如图 7-6 所示（这里以 Windows 10 系统为例）。

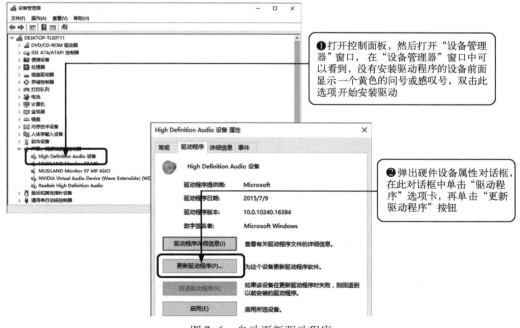

图 7-6　自动更新驱动程序

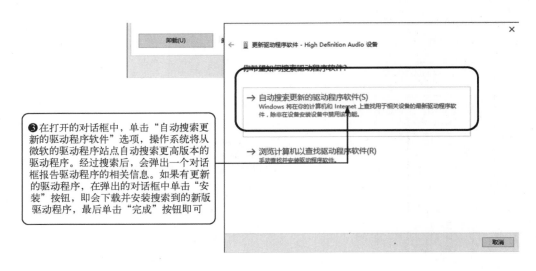

❸ 在打开的对话框中，单击"自动搜索更新的驱动程序软件"选项，操作系统将从微软的驱动程序站点自动搜索更高版本的驱动程序。经过搜索后，会弹出一个对话框报告驱动程序的相关信息。如果有更新的驱动程序，在弹出的对话框中单击"安装"按钮，即会下载并安装搜索到的新版驱动程序，最后单击"完成"按钮即可

图 7-6　自动更新驱动程序（续）

🔲 7.2.4　任务4：安装主板驱动程序

下面以在 Windows 8 系统中安装主板驱动程序为例，讲解 Windows 8/10 系统中硬件设备驱动程序的安装方法（Windows 10 系统安装主板驱动程序的方法与此相同）。

在 Windows 8 中安装驱动程序的具体方法如图 7-7 所示（这里以方正电脑为例）。

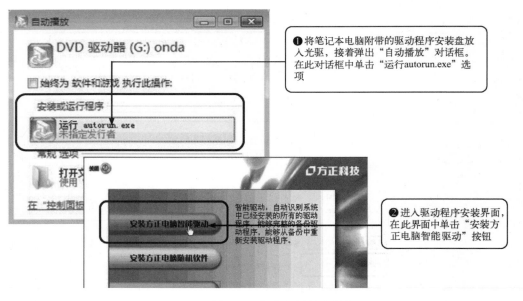

❶ 将笔记本电脑附带的驱动程序安装盘放入光驱，接着弹出"自动播放"对话框。在此对话框中单击"运行autorun.exe"选项

❷ 进入驱动程序安装界面，在此界面中单击"安装方正电脑智能驱动"按钮

图 7-7　安装主板驱动程序

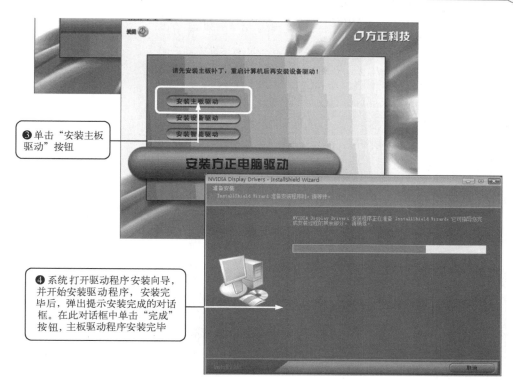

❸ 单击"安装主板驱动"按钮

❹ 系统打开驱动程序安装向导，并开始安装驱动程序，安装完毕后，弹出提示安装完成的对话框。在此对话框中单击"完成"按钮，主板驱动程序安装完毕

图 7-7　安装主板驱动程序（续）

7.2.5　任务 5：安装显卡驱动程序

电脑显卡驱动程序的安装方法如图 7-8 所示。

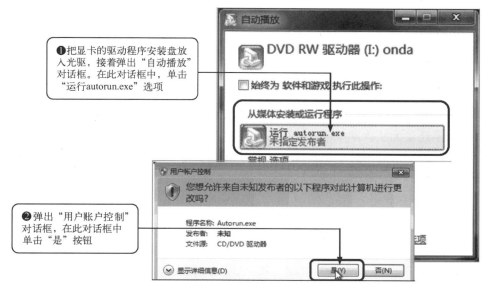

❶ 把显卡的驱动程序安装盘放入光驱，接着弹出"自动播放"对话框。在此对话框中，单击"运行autorun.exe"选项

❷ 弹出"用户账户控制"对话框，在此对话框中单击"是"按钮

图 7-8　安装显卡驱动程序

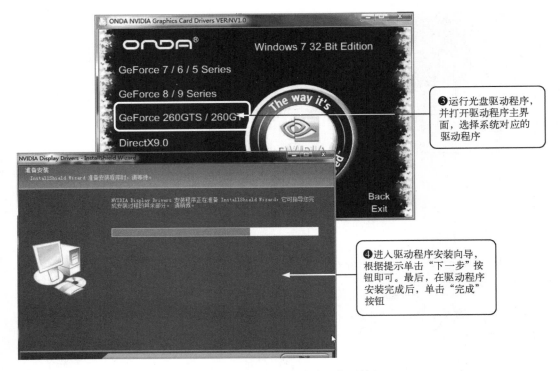

❸运行光盘驱动程序，并打开驱动程序主界面，选择系统对应的驱动程序

❹进入驱动程序安装向导，根据提示单击"下一步"按钮即可。最后，在驱动程序安装完成后，单击"完成"按钮

图 7-8　安装显卡驱动程序（续）

7.3　高手经验总结

经验一：越新的设备，Windows 系统中附带它的驱动程序的概率越小，所以用户最好提前准备好驱动程序。

经验二：当要对故障电脑重新安装系统时，最好先查看硬件设备的驱动程序，然后再安装系统，这样可以在安装驱动程序时做到心中有数。

经验三：在安装完操作系统后，最好先把网卡的驱动程序装好，这样可以联网下载其他硬件设备的驱动程序。

经验四：在电脑硬件出现驱动程序故障时，可以通过将驱动程序禁用再启用的方法来解决。如果还是无法排除故障，重新安装驱动程序一般即可解决。系统问题造成的故障除外。

经验五：安装硬件驱动程序时，虽然并不是必须先装哪个硬件设备的驱动程序，但最好先安装主板的驱动程序。

第8章

电脑上网及组建家庭无线局域网

学习目标

1. 掌握网线的制作方法
2. 掌握 Modem 拨号连接的建立方法
3. 掌握无线路由器的设置方法
4. 掌握家庭无线网络的组建方法

学习效果

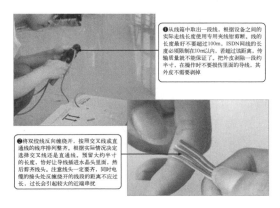

❶从线箱中取出一段线，根据设备之间的实际走线长度使用专用夹线钳剪断。线的长度最好不要超过100m，ISDN网线的长度必须限制在10m以内，若超过该距离，传输质量就不能保证了。把外皮剥除一段约半寸，在操作时不要损伤里面的导线，其外皮不需要剥掉

❷将双绞线反向缠绕开，按照交叉线或直通线的线序排列整齐。根据实际情况决定选择交叉线还是直通线。预留大约半寸的长度，恰好让导线插进水晶头里面，然后剪齐线头。注意线头一定要齐，同时电缆的接头处反缠绕开的线段的距离不应过长，过长会引起较大的近端串扰

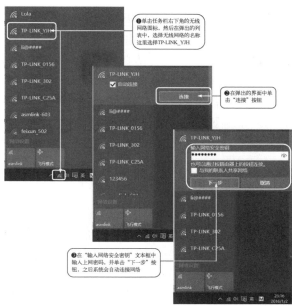

❶单击任务栏右下角的无线网络图标，然后在弹出的列表中，选择无线网络的名称这里选择TP-LINK_YJH

❷在弹出的界面中单击"连接"按钮

❸在"输入网络安全密钥"文本框中输入上网密码，并单击"下一步"按钮，之后系统会自动连接网络

目前互联网已与人们的工作和生活紧密联系，用户要想让电脑上网，就必须先设置相关的硬件和程序，才能让电脑顺利上网。本章将通过网线的制作、宽带网上网实战、组网实战等内容的讲解，使用户掌握电脑上网和组网的方法和技巧。

8.1 知识储备

网络是利用通信设备和线路将地理位置不同的、功能独立的多个操作系统互联起来，以功能完善的网络软件（网络通信协议、信息交换方式及网络操作系统等）实现网络中资源共享和信息传递的系统。它的功能主要表现在两个方面：一是实现资源共享，包括硬件资源和软件资源；二是在用户之间交换信息。

■ 问答 1：网络有哪些种类？

按网络覆盖的地理范围的大小，一般可将网络分为广域网（WAN）、城域网（MAN）和局域网（LAN）。其中，局域网（LAN）是指在一个较小地理范围内将各种网络设备互联在一起的通信网络，可以包含一个或多个子网，覆盖范围一般在几千米的范围之内。

■ 问答 2：什么是网络协议？

网络协议是对交换的数据格式和电脑之间交换数据时必须遵守的规则的正式描述，它的作用和人的语言的作用一样。目前，网络协议主要有 Ethernet（以太网）、NetBEUI、IPX/SPX 以及 TCP/IP 协议。其中，TCP/IP（传输控制协议/网间协议）是开放系统互联协议中最早的协议之一，也是目前应用最广的协议，能实现各种不同平台之间的连接和通信。

■ 问答 3：什么是网络的拓扑结构？

拓扑结构是指网络中各个站点（文件服务器、工作站等）相互连接的形式。现在主要的拓扑结构有总线型拓扑、星形拓扑、环形拓扑以及混合型。总线型拓扑就是将文件服务器和工作站都连在一条称为总线的公共电缆上，且总线两端必须有终结器；星形则是以一台设备作为中央连接点，各工作站都与它直接相连；环型就是将所有站点彼此串行连接，像链子一样构成一个环形回路；混合型就是把这上述三种基本的拓扑结构混合起来运用。

■ 问答 4：什么是 IP 地址？

IP 地址是用来标识网络中的一个通信实体，比如一台主机，或者路由器的某个端口。在基于 IP 的网络中传输的数据包，都必须使用 IP 地址进行标识。这就如同写一封信时要标明收信人的通信地址和发信人的地址，而邮政工作人员则通过该地址来决定邮件的去向。

目前，IP 地址使用 32 位二进制数据表示，为了方便记忆，通常使用以点号分隔的十进制数据表示，例如，192. 168. 0. 1。IP 地址又可以分为两部分，一部分用于标识该地址所属网络的网络号，另一部分用于指明该网络上某个特定主机的主机号。

为了给不同规模的网络提供必要的灵活性，IP 地址的设计者将 IP 地址空间划分为 5 个不同的地址类别，其中，A、B、C 三类 IP 地址最为常用。具体如下所示。

（1）A 类地址：可以拥有很大数量的主机，最高位为 0，紧跟的 7 位表示网络号，其余 24 位表示主机号，总共允许有 126 个网络。

（2）B 类地址：被分配到中等规模和大规模的网络中，最高两位为 10，允许有 16 384 个网络。

（3）C 类地址：用于局域网。高三位被置为 110，允许有大约 200 万个网络。

（4）D 类地址：用于多路广播组用户，高四位被置为 1110，余下的位用于标明客户机所属的组。

（5）E 类地址：仅供试验的地址。

8.2　实战：上网与组网

下面将用很多实战案例讲解电脑上网和组网的方法。

8.2.1　任务 1：动手制作网线

用于通信的网线有直通线（568B）和交叉线（568A）两种。

直通线两端线序一样，从左至右的线序为白橙、橙、白绿、蓝、白蓝、绿、白棕、棕。直通线主要用于网卡与集线器、网卡与交换机、集线器与交换机、交换机与路由器等的连接。

交叉线一端为正线的线序，另一端从左至右的线序为白绿、绿、白橙、蓝、白蓝、橙、白棕、棕。交叉线主要用于网卡与网卡、交换机与交换机、路由器与路由器等的连接。

网线的制作步骤如图 8-1 所示。

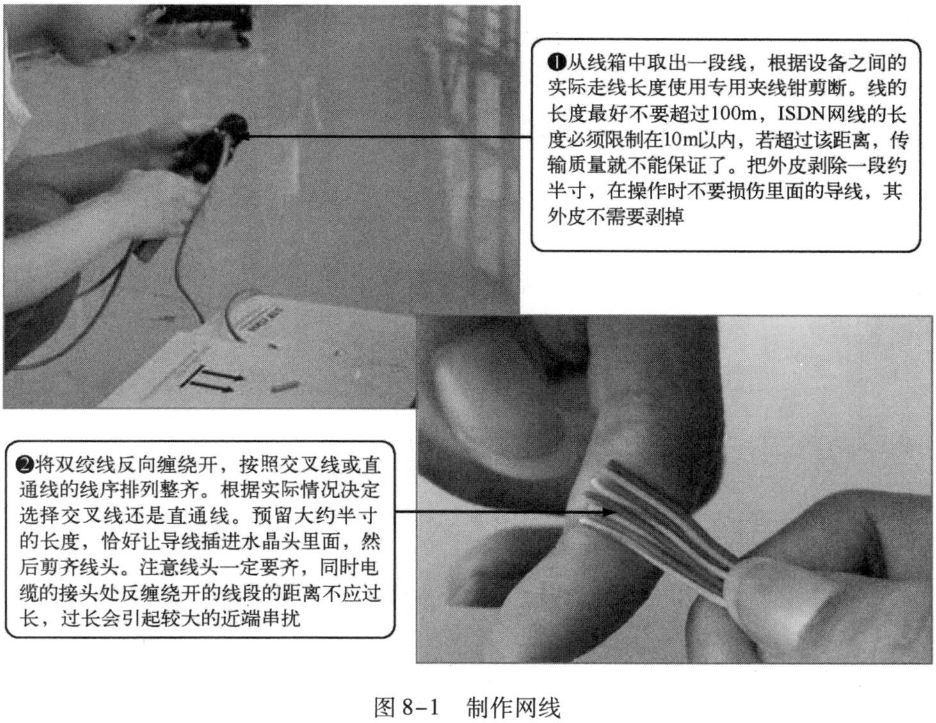

❶从线箱中取出一段线，根据设备之间的实际走线长度使用专用夹线钳剪断。线的长度最好不要超过100m，ISDN网线的长度必须限制在10m以内，若超过该距离，传输质量就不能保证了。把外皮剥除一段约半寸，在操作时不要损伤里面的导线，其外皮不需要剥掉

❷将双绞线反向缠绕开，按照交叉线或直通线的线序排列整齐。根据实际情况决定选择交叉线还是直通线。预留大约半寸的长度，恰好让导线插进水晶头里面，然后剪齐线头。注意线头一定要齐，同时电缆的接头处反缠绕开的线段的距离不应过长，过长会引起较大的近端串扰

图 8-1　制作网线

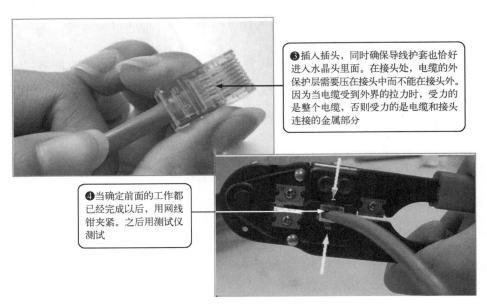

❸插入插头，同时确保导线护套也恰好进入水晶头里面。在接头处，电缆的外保护层需要压在接头中而不能在接头外。因为当电缆受到外界的拉力时，受力的是整个电缆，否则受力的是电缆和接头连接的金属部分

❹当确定前面的工作都已经完成以后，用网线钳夹紧。之后用测试仪测试

图 8-1　制作网线（续）

8.2.2　任务 2：宽带拨号上网实战

目前国内的宽带网有很多种，例如网通、移动、宽带通、长城、歌华、方正等。这些宽带网络一般提供 10～100 Mbit/s 的网络带宽。用户一般需要通过 PPPoE 拨号来连接上网。下面重点讲解一下 Windows 7/8/10 操作系统中连接宽带网络的方法。

专家提示

有些宽带网（例如光纤宽带等）需要连接 Modem 后才能拨号上网。连接 Modem 的方法如图 8-2 所示。

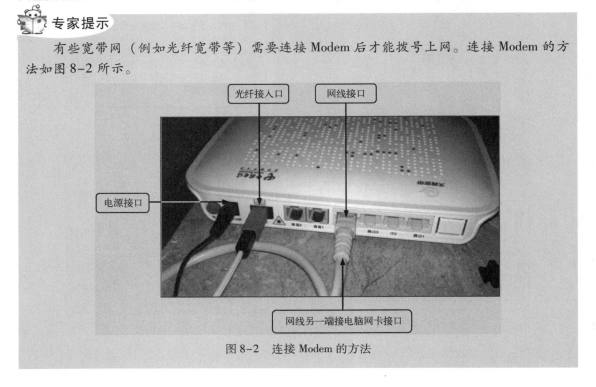

光纤接入口　网线接口

电源接口

网线另一端接电脑网卡接口

图 8-2　连接 Modem 的方法

Windows 7/8/10 操作系统中连接宽带网络的方法如图 8-3 所示（以 Windows 10 系统为例）。

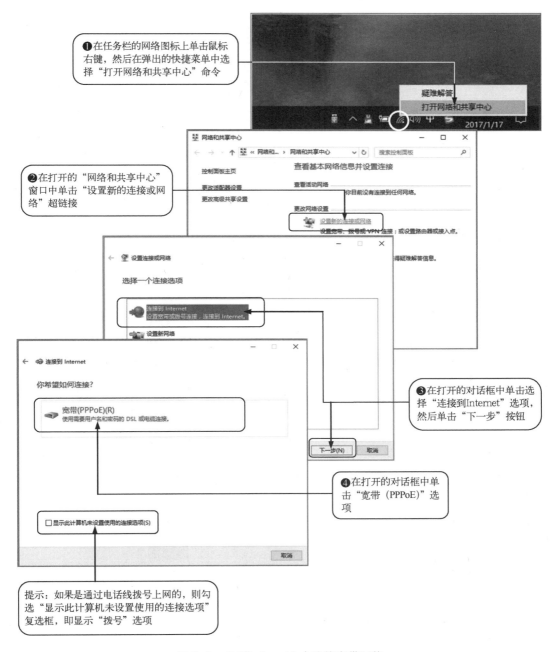

图 8-3　在 Windows 10 中连接宽带网络

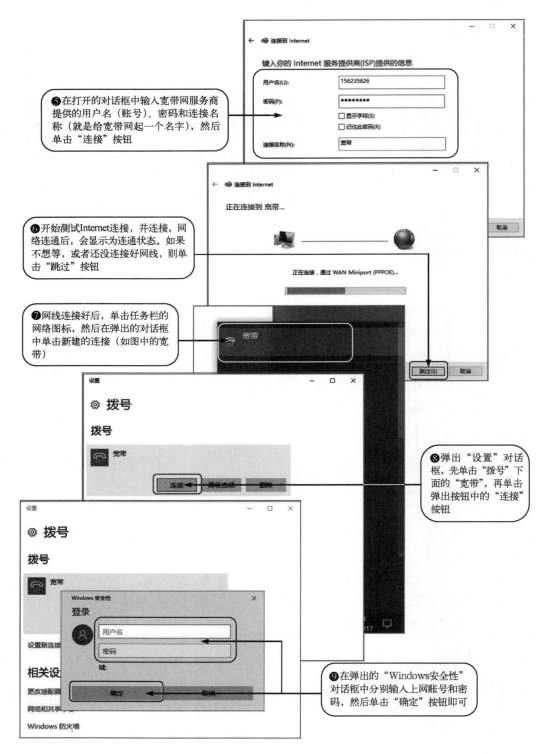

图 8-3 在 Windows 中连接宽带网络（续）

8.2.3　任务 3：公司固定 IP 地址上网实战

在公司网络中，由于已经组建了内部局域网，因此用户必须按照指定的 IP 地址上网。通过这种方法上网，需公司提供一个 IP 地址，然后将电脑的 IP 地址设置好，即可通过网线连接上网。设置 IP 地址的方法如图 8-4 所示（以 Windows 10 系统为例）：

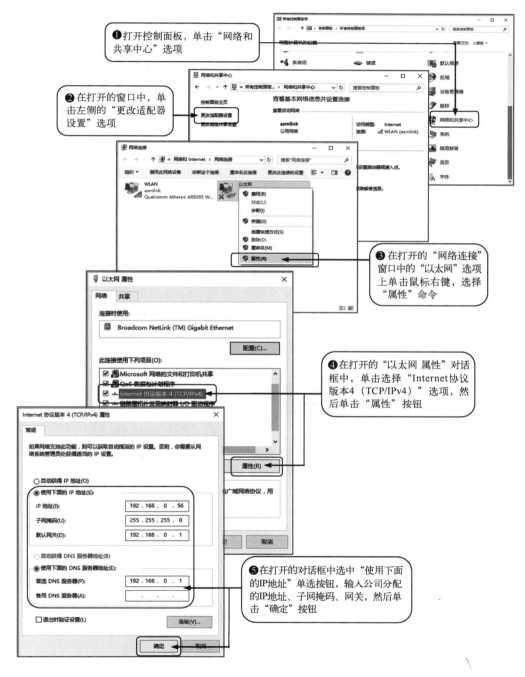

图 8-4　设置 IP 地址

8.2.4 任务4：WiFi上网实战

现在家里、饭店、酒店等很多地方都有 WiFi，用户只要在 WiFi 的信号范围内（WiFi 信号一般由无线路由器发出），就可以通过无线网卡来上网。通过 WiFi 上网的方法如图 8-5 所示。

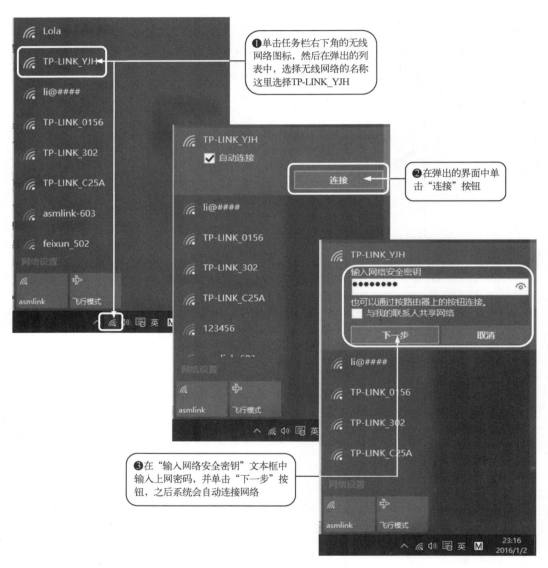

❶单击任务栏右下角的无线网络图标，然后在弹出的列表中，选择无线网络的名称这里选择TP-LINK_YJH

❷在弹出的界面中单击"连接"按钮

❸在"输入网络安全密钥"文本框中输入上网密码，并单击"下一步"按钮，之后系统会自动连接网络

图 8-5　WiFi 上网连接方法

8.2.5　任务 5：电脑/手机/平板电脑无线网络联网实战

通过网线组建网络时，需要将网线布置好，但是走线会破坏家里的装修，此外，手机/平板电脑无法通过网线实现上网。因此，最好考虑通过无线网络实现多台电脑、手机、平板电脑共同上网。组建家庭无线网主要用到无线网卡（每台电脑一块，笔记本电脑、手机和平板电脑等通常有内置无线网卡）、无线宽带路由器、宽带 Modem（有的网可能不需要）等设备。

组建的无线家庭网络的示意图如图 8-6 所示。

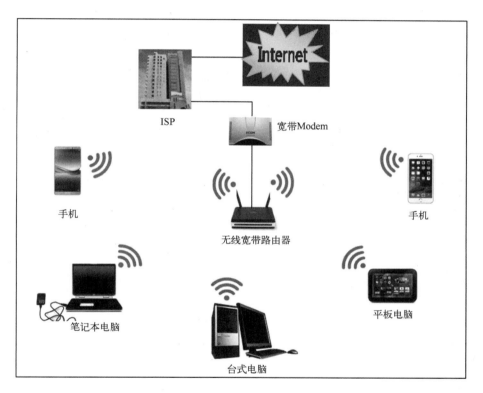

图 8-6　无线家庭网络示意图

专家提示

对于没有无线网卡的台式电脑，可以通过网线直接连接到无线路由器。无线路由器通常提供 4 个有线接口。

无线家线网络的联网方法如图 8-7 所示，这里以 TPlink 路由器为例。

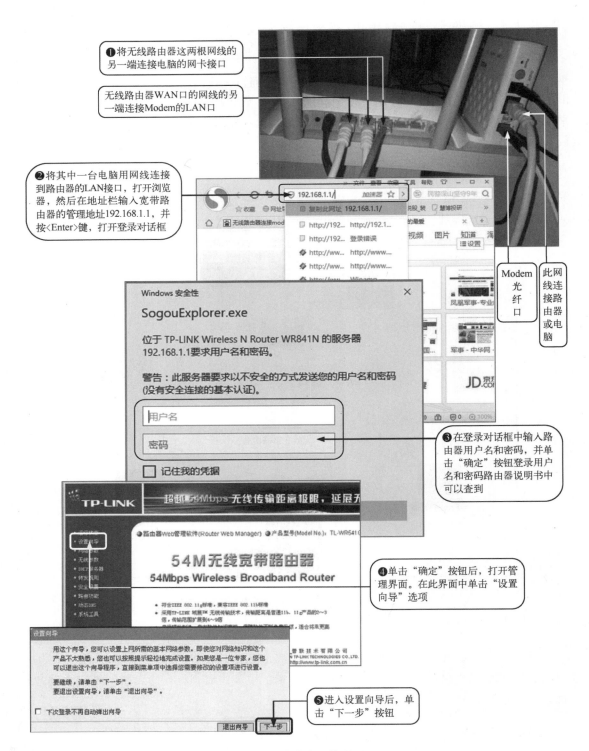

图 8-7 无线家庭网络联网

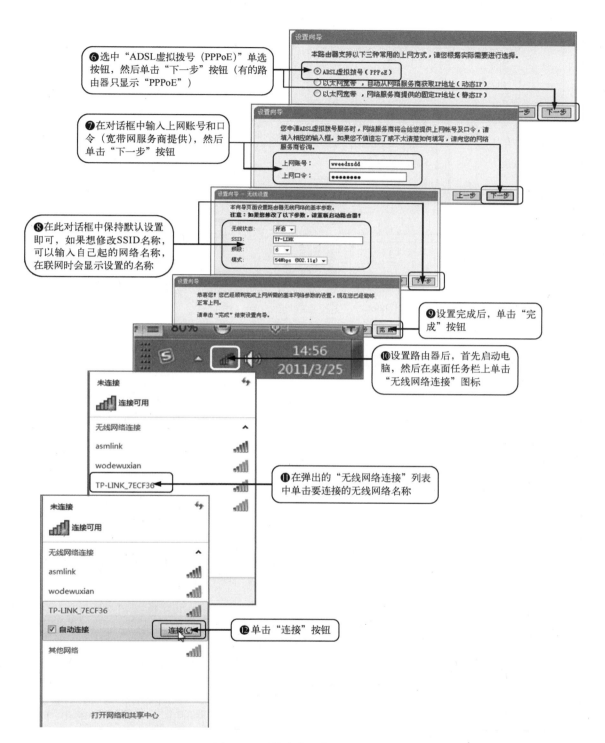

图 8-7　无线家庭网络联网（续）

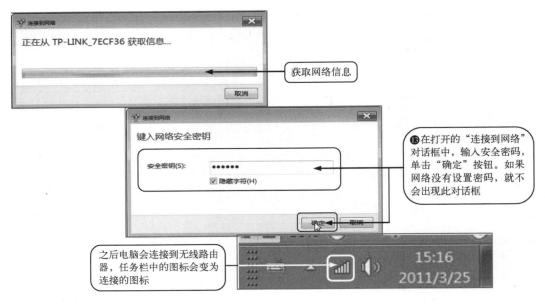

图 8-7　无线家庭网络联网（续）

8.2.6　任务 6：多台电脑通过家庭组联网实战

随着电脑价格的不断下降，越来越多的家庭拥有了两台以上电脑。如果家里有多台电脑，可以通过组网连接实现资源共享，打印共享等服务。如果家里或公司已经通过无线路由器连网，那么就可以在各台电脑上设置共享资源，从而实现资源共享。

将家里多台电脑联网的前提是这些电脑已经在一个网络中，并且还需要建立家庭组。下面详细讲解联网方法。

1. 创建家庭组网络

创建家庭组网络首先要做的是对电脑网络进行设置，具体方法如图 8-8 所示（以 Windows 10 系统为例）。

2. 将文件夹共享

将文件夹共享之后，网络中的其他用户就可以查看或编辑该文件夹中的文件。将文件夹共享的方法如图 8-9 所示（以 Windows 10 系统为例）。

图 8-8　网络设置

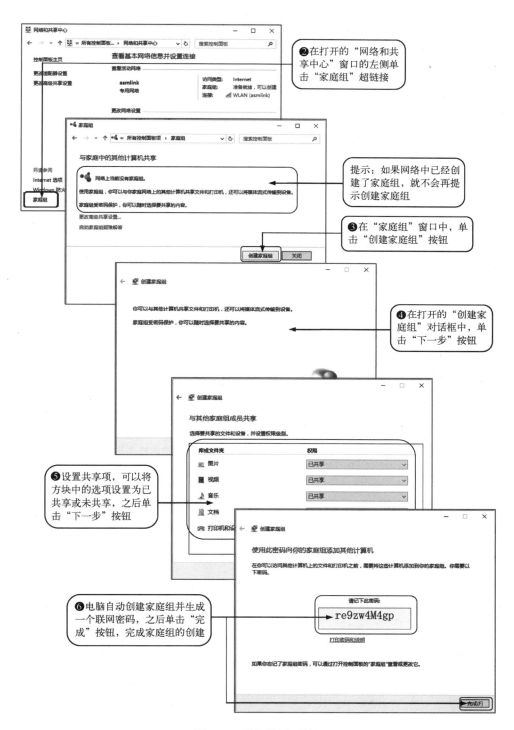

图 8-8　网络设置（续）

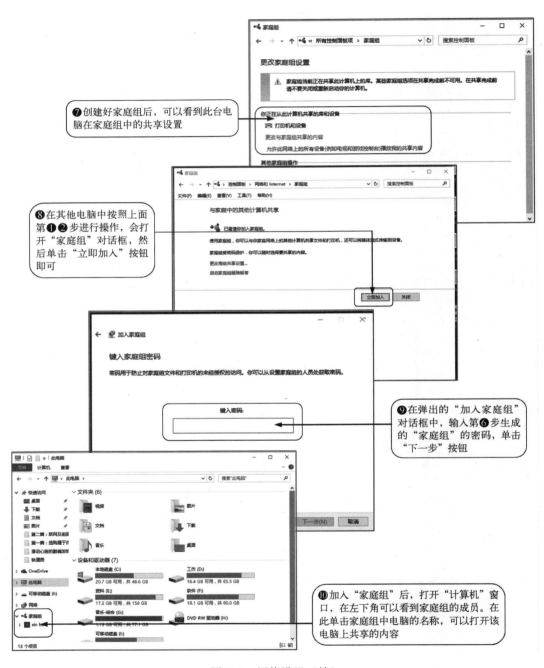

❼创建好家庭组后，可以看到此台电脑在家庭组中的共享设置

❽在其他电脑中按照上面第❶❷步进行操作，会打开"家庭组"对话框，然后单击"立即加入"按钮即可

❾在弹出的"加入家庭组"对话框中，输入第❻步生成的"家庭组"的密码，单击"下一步"按钮

❿加入"家庭组"后，打开"计算机"窗口，在左下角可以看到家庭组的成员。在此单击家庭组中电脑的名称，可以打开该电脑上共享的内容

图 8-8　网络设置（续）

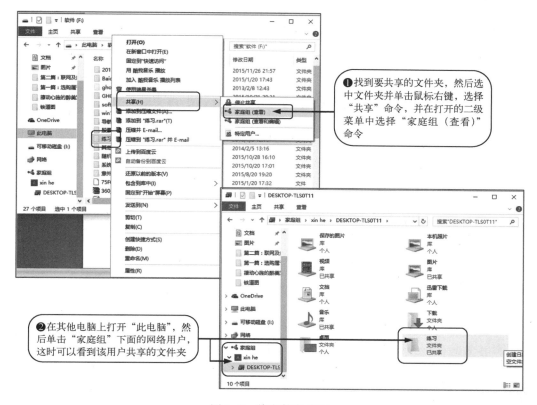

图 8-9　将文件夹共享

专家提示

如果想编辑共享文件夹中的文件，则在图 8-9 第①步设置中，选择"家庭组（查看和编辑）"命令即可。

8.3　高手经验总结

经验一：制作网线时，首先要确保线的排列顺序正确，夹水晶头时，最好多夹几次，以确保所有线都接触良好。

经验二：目前多数宽带网络都是通过拨号联网的，拨号连接的创建方法全部相同，都是通过创建宽带 PPPoE 联网的。

经验三：无线 WiFi 发展很快，很多家庭都配备了无线路由器，这样不仅可以解决电脑、手机、平板电脑同时上网，而且可以满足智能家居的联网需求，所以对于无线路由器的设置方法读者一定要很好地掌握。

第9章

优化Windows以提高运行速度

学习目标

1. 了解电脑运行速度变慢的原因
2. 掌握电脑升级方法
3. 掌握虚拟内存设置方法
4. 掌握电脑电源设置方法
5. 掌握系统优化方法

学习效果

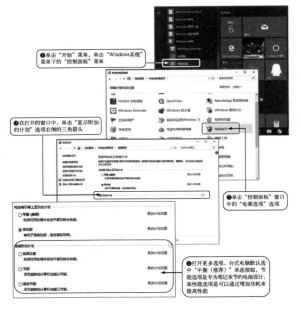

❶单击"开始"菜单,单击"Windows系统"菜单下的"控制面板"菜单

❷在打开的窗口中,单击"显示附加的计划"选项右侧的三角箭头

❸单击"控制面板"窗口中的"电源选项"选项

❹打开更多选项,台式电脑默认选中"平衡(推荐)"单选按钮,节能选项是专为笔记本的电池设计,高性能选项是可以通过增加功耗来提高性能

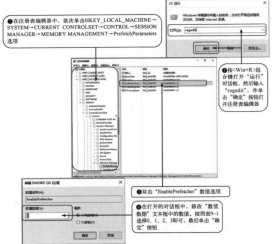

❶在注册表编辑器中,依次单击HKEY_LOCAL_MACHINE→SYSTEM→CURRENT CONTROLSET→CONTROL→SESSION MANAGER→MEMORY MANAGEMENT→PrefetchParameters选项

❷按〈Win+R〉组合键打开"运行"对话框,然后输入"regedit",并单击"确定"按钮打开注册表编辑器

❸双击"EnablePrefetcher"数值选项

❹在打开的对话框中,修改"数值数据"文本框中的数值,按照表9-1选择0、1、2、3即可,最后单击"确定"按钮

Windows 系统经过长时间使用后，不但运行速度明显变慢，而且还经常跳出各种错误提示窗口。本章将为您介绍导致 Windows 变慢的原因和解决的方法。

9.1　知识储备

硬盘分区就是将一个物理硬盘通过软件划分为多个区域使用，即将一个物理硬盘分为多个盘使用，如 C 盘、D 盘、E 盘等。

问答 1：Windows 运行速度为什么越来越慢？

Windows 使用久了，会变得越来越慢，主要有以下几方面的原因，如图 9-1 所示。

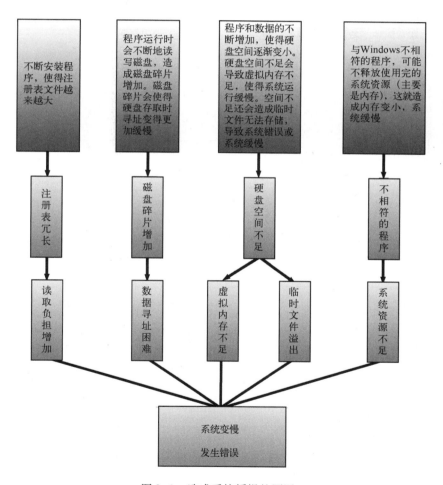

图 9-1　造成系统缓慢的原因

■ **问答 2：为什么要用 Windows Update 更新系统文件？**

经常将系统更新到最新版本，不但可以弥补系统的安全漏洞，而且还能提高 Windows 的性能。

升级 Windows 系统可以使用 Windows 自带的更新功能（Update 功能）。通过网络自动下载安装 Windows 升级文件。

Windows 自动更新的设置方法如图 9-2 所示（以 Windows 10 系统为例）。

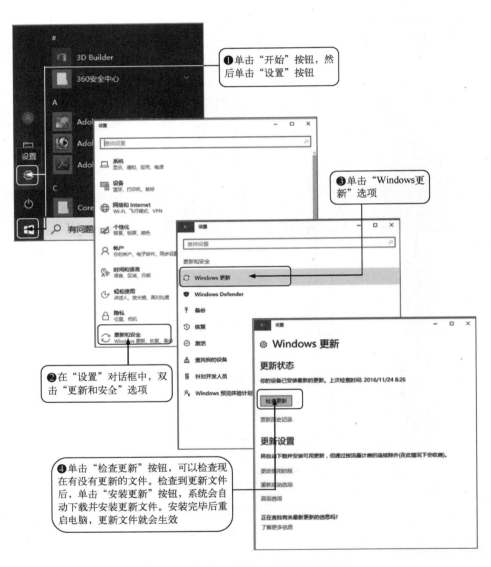

图 9-2　Window Update 自动更新的设置

9.2　实战：优化系统提高电脑的存取速度

9.2.1　任务 1：通过设置虚拟内存提高速度

虚拟内存是指当内存空间不足时，系统把一部分硬盘空间设为内存。也就是将一部分硬盘空间作为内存使用，从形式上增加系统内存的大小。有了虚拟内存，Windows 就可以同时运行多个大型程序。

在运行多个大型程序时，常常会导致存储指令和数据的内存空间不足。这时 Windows 会把次重要的数据保存到硬盘的虚拟内存中，这个过程叫作 Swap（交换数据）。交换数据以后，系统内存中只留下重要的数据。由于要在内存和硬盘间交换数据，因此使用虚拟内存会导致系统速度略微下降。内存和虚拟内存就像书桌和书柜的关系，使用中的书本放在桌子上，暂时不用但经常使用的书本放在书柜里。

虚拟内存的诞生是为了应对内存的价格高昂和容量不足。使用虚拟内存会降低系统的速度，但依然难掩它的优势。现在虽然内存的价格已经大众化，容量也已经达到数十吉字节（GB），但仍然继续使用虚拟内存，这是因为虚拟内存的使用已经成为系统管理的一部分。

Windows 会默认设置一定量的虚拟内存。用户可以根据自己电脑的情况，合理设置虚拟内存，这样可以提升系统速度。如果电脑中有两个或多个硬盘，将虚拟内存设置在速度较快的硬盘上，可以提高交换数据的效率。如果设置在固态硬盘（SSD）上，那么数据交换的速度会非常地快。虚拟内存的大小一般设置为系统内存的 2.5 倍左右，如果太小就需要更多的数据交换，最终导致更低的运行效率。

这里以在 Windows 10 中设置虚拟内存为例，具体方法如图 9-3 所示。

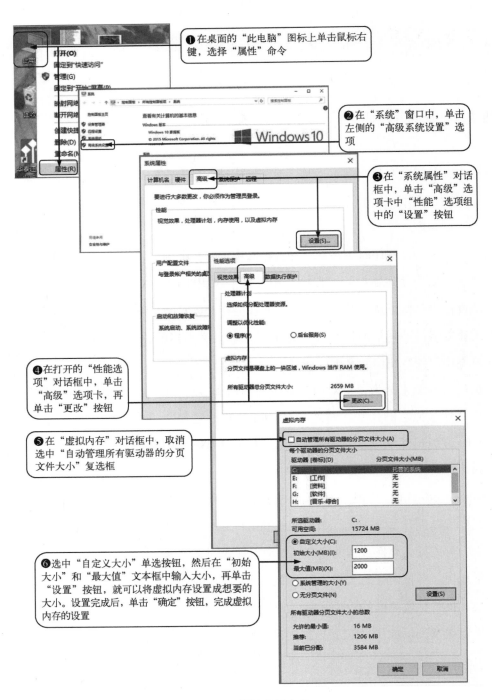

图 9-3　设置虚拟内存

9.2.2　任务 2：用快速硬盘存放临时文件夹提高速度

Windows 系统中有三个临时文件夹，用于存储运行时临时生成的文件。安装 Windows 系统的时候，临时文件夹会默认放在 Windows 文件夹下。如果系统盘空间不够大的话，可以将临时文件放置在其他速度快的分区中。临时文件夹中的文件可以通过磁盘清理功能进行删除。

这里以 Windows 10 为例讲解改变临时文件夹路径的方法，具体如图 9-4 所示。

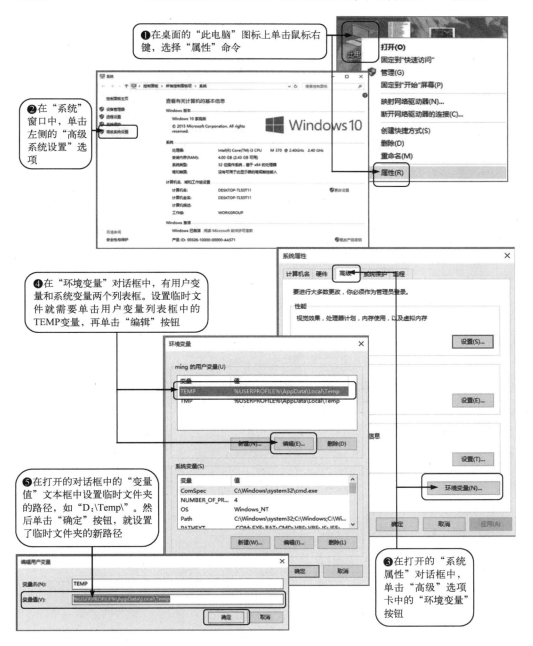

图 9-4　改变临时文件夹的路径

9.2.3　任务3：通过设置电源选项提高速度

Windows Vista 以上版本提供了多种节能模式。在节能模式下，可以在不使用电脑的时候切断电源，从而达到节能的目的。

这里以 Windows 10 为例，设置电源选项的方法如图9-5所示。

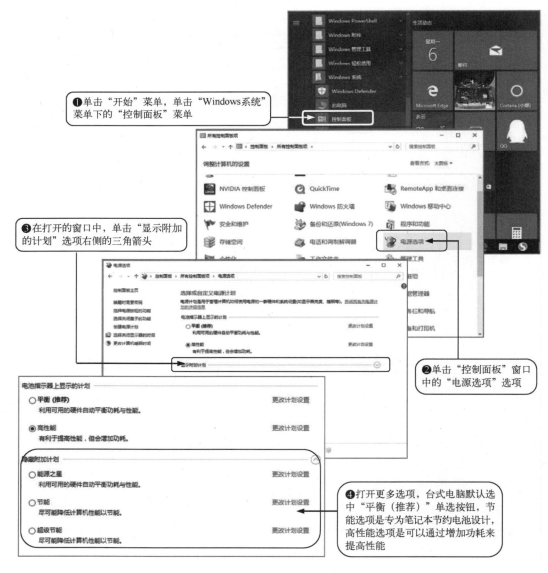

图 9-5　设置电源选项

9.2.4   任务 4：通过设置 Prefetch 提高 Windows 效率

Prefetch 是预读取文件夹，用来存放系统已访问过的文件的预读信息，扩展名为 . PF。Prefetch 技术是为了加快系统启动的进程，它会自动创建 Prefetch 文件夹。运行程序时所需要的所有程序（例如 exe、com 等）都包含在这里。在 Windows XP 中，Prefetch 文件夹需要经常手动清理，而 Windows 7/8/10 系统中则不必手动清理。Prefetch 文件夹如图 9-6 所示。

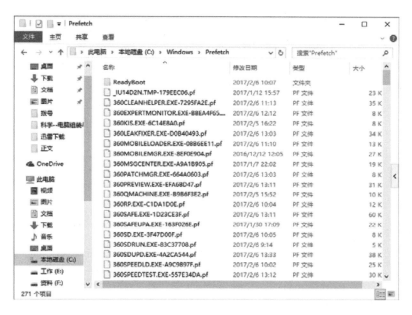

图 9-6   Prefetch 文件夹

Prefetch 在注册表中的级别有 4 种，在 Windows 系统中，默认使用的级别是 3。PF 文件会由 Windows 自行管理，用户只需要选择与电脑用途相符的级别即可。Prefetch 在注册表中的级别如表 9-1 所示。

表 9-1   Prefetch 在注册表中的级别

级别	操 作 方 式
0	不使用 Prefetch。Windows 启动时不使用预读入 Prefetch 文件，所以启动时间可以略微缩短，但运行应用程序会相应变慢
1	优化应用程序。为部分经常使用的应用程序制作 PF 文件，对于经常使用 Photoshop、AutoCAD 等针对素材文件的程序来说，这个级别并不合适
2	优化启动。为经常使用的文件制作 PF 文件，对于使用大规模程序的用户非常适合。刚安装 Windows 时没有明显效果，在经过几天积累 PF 文件后，就能发挥其性能了
3	优化启动和应用程序。同时使用级别 1 和 2，既为文件也为应用程序制作 PF 文件，这样同时提高了 Windows 的启动速度和应用程序的运行速度，但会使 Prefetch 文件夹变得很大

设置 Prefetch 的方法如图 9-7 所示。

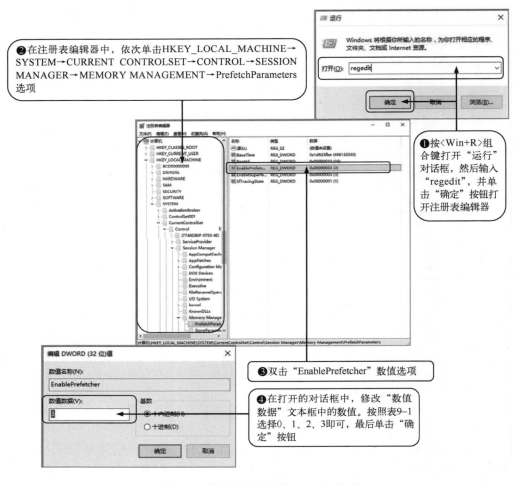

图 9-7　设置注册表中的 Prefetch 选项

9.2.5　任务 5：通过优化系统提高速度

如果不愿意一项一项地优化 Windows 系统，那么使用优化工具就可以化解这些烦琐的工作。

优化软件有很多，很多安全软件都具有优化和清理的功能，例如 360 安全卫士等，这里介绍一款免费的 Windows 优化工具，即 "Windows 优化大师"。"Windows 优化大师"的功能非常丰富。它不但可以自动优化系统和清理注册表，而且可以通过手动设置优化系统，清理系统和维护系统。具体方法如图 9-8 所示。

❶单击窗口左侧的"开始"选项，然后单击"一键优化"按钮，可以自动优化系统，单击"一键清理"可以自动清理系统

❷单击窗口左侧的"系统检测"选项，并单击"系统信息总览"按钮，可以自动检测出电脑硬件的信息，单击"软件信息列表"按钮，可以自动检测出系统中安装的软件

❸单击"系统优化"选项，并单击展开的优化选项（如磁盘缓存优化），然后单击右侧的"优化"按钮（可以手动设置优化参数），即开始优化电脑

❹单击"系统清理"选项，并单击展开的清理选项（如"注册信息清理"），然后单击右侧的"扫描"或"分析"按钮（可以手动设置清理参数），即开始清理电脑

❺单击"系统维护"选项，并单击展开的清理选项（如"系统磁盘医生"），然后单击右侧的"检查"或"分析"按钮，即开始检测电脑

图 9-8　用"Windows 优化大师"维护系统

9.3 高手经验总结

经验一：如果电脑的内存容量偏小，可以通过设置虚拟内存来适当提高电脑运行的速度。

经验二：如果电脑开机速度或运行速度变慢，可能是系统中开机运行的软件较多，或系统中的垃圾较多，可以使用安全软件对开机、系统、网络或硬盘进行优化加速。

经验三：如果电脑系统盘（通常为 C 盘）可用空间少，那么应该是系统中的垃圾较多，此时可以使用清理软件（一般安全软件都有此功能），对电脑垃圾、使用痕迹、注册表、无用插件、Cookies 等进行清理。

第10章

快速重装Windows 8/10系统

学习目标

1. 掌握系统重装的基本知识
2. 掌握重装系统的一般流程
3. 掌握 Ghost 程序的使用方法
4. 掌握克隆系统的方法
5. 掌握 Ghost 重装系统的方法
6. 掌握重装 Windows 系统的方法

学习效果

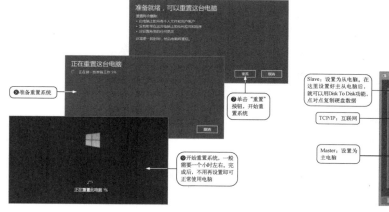

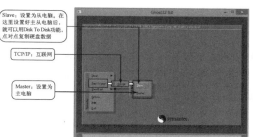

10.1　知识储备

　　相信很多人都曾为电脑开机启动时的慢悠悠、电脑崩溃无法启动、经常死机蓝屏等现象而着急，这个时候的你一定想着找人来修电脑。但一般维修人员并没有查找故障，而是将系统重新安装了一遍。所以只要掌握重装系统的方法，你也可以轻松修复电脑。

10.1.1　重装系统基本知识

问答1：为什么要重装系统？

　　重装系统是指对计算机的操作系统进行重新安装。电脑在使用了一段时间后就免不了会发生一些问题，例如，感染顽固病毒木马，杀毒软件查杀不了；硬盘里的碎片越来越多，运行速度越来越慢；系统瘫痪、蓝屏故障、经常死机等，这个时候如果找不到具体原因，最好的办法就是重装系统。通常，重装系统比找到故障原因并修复故障要更加节省时间，且可以从根源上解决各种系统及软件问题。

问答2：怎么重装系统才既简单又快速？

　　如何重装系统是很多朋友都想学习的，因为当遇到系统卡顿甚至接近奔溃时，我们往往能想到的是直接进行系统重装，这样可以从根源上解决各种系统及软件问题。

　　也许很多朋友还是会说，怎么重装系统的技术含量太高了，我自己是搞不掂的。如果有这样的声音出来，那是因为你还没有领略到小白一键重装系统的便利性。

　　系统文件有 ISO 和 GHO 两种格式。ISO 镜像文件一般需要光驱或者加载虚拟光驱进行读取来安装。原版的系统一般都是 ISO 版本的，ISO 镜像文件具有更好的系统原始性，唯一不足的就是安装的时间比较长，一般都需要 40～60 分钟，而且安装好系统后，还须逐一安装驱动程序、漏洞补丁、常用工具软件等，整体时间效率不高。

　　GHO 是 Ghost 软件的文件，它是对某一个现成的电脑系统进行备份的克隆，通过 Ghost 软件来安装其实质是一个系统还原的过程。将系统、补丁、驱动、软件等都安装完大概只需 10 多分钟，大大节约了时间，且简化了操作。因此，采用 GHO 文件，可以实现简单快速地重装系统。

10.1.2　重装系统的流程

　　重装系统的方法与全新安装系统的方法既有区别，也有相同的地方。其中，区别比较大的地方是重装系统一般不需对硬盘进行分区，而且安装前需要对电脑中的资料进行备份。下面先来了解一下重装 Windows 系统的流程，如图 10-1 所示。

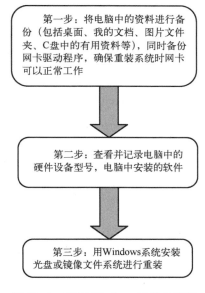

图 10-1　重装 Windows 系统的流程

10.1.3　重装系统前的准备工作

重装系统是维修电脑时经常需要做的工作，在安装前要做好充分的准备工作，不然可能会无法正常安装。具体来讲，对于全新组装的电脑，只要准备好安装系统需要的物品即可；对于出现故障而需要重新安装系统的电脑来说，需要做的准备工作就比较多了，具体包括备份电脑中的资料、查看硬件型号、查看电脑安装的应用软件等。

■　问答 1：何时需要备份电脑中的资料？

当用一块新买的、第一次使用的硬盘安装系统时，不用考虑备份工作，因为硬盘是空的，没有任何东西。但是如果是正在使用的电脑出现问题而需要重装系统，那就必须考虑备份硬盘中的重要数据，否则将酿成大错。因为在安装系统时通常要将装系统的分区进行格式化，其中的所有数据都会丢失。

■　问答 2：哪些分区需要备份？

重装系统时一般都会自动格式化 C 盘，然后在 C 盘重新安装，所以重装系统一般影响的仅仅是系统盘 C 盘，非系统盘的文件不会受影响。

备份实际上就是将硬盘中重要的数据转移到安全的地方，即用复制的方法进行备份。

将硬盘中要格式化的分区中的重要数据复制到不需要格式化的分区（如 D 盘、E 盘等），或复制到 U 盘、移动硬盘，或刻录到一张光盘，或复制到联网的服务器、客户机上等。不需要格式化的分区不用备份。

■　问答 3：什么是重要数据？

所谓重要数据就是平时录入的文章等文件或需安装的软件程序、游戏、歌曲、电影、视频等。备份时需要查看桌面上创建的文件和文件夹（如果电脑还可以启动的话）、"文档"文件夹、"图片"文件夹、要格式化盘中创建的文件和文件夹、其他资料等，以及网卡驱动。已经安装的应用软件不用备份、原来的操作系统不用备份。

■ **问答4：具体该如何备份？**

当系统能正常启动或能启动到安全模式时，将桌面、文档及C盘中的重要文件，复制到D盘、E盘或U盘中即可。

当系统无法启动时，用启动盘启动到Windows PE模式下，将"计算机"C盘中的重要文件（例如，C盘"用户"文件夹中的"桌面""文档""图片"等文件夹）复制到D盘、E盘或U盘中即可。具体如图10-2所示。

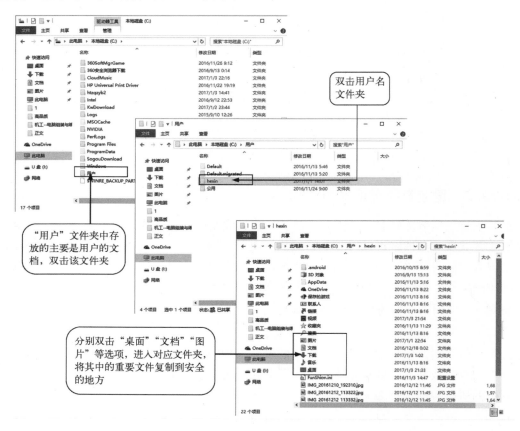

图 10-2　备份文件

10.1.4　Ghost 程序菜单功能详解

Ghost软件是赛门铁克公司的硬盘备份还原工具。使用Ghost能够非常方便地安装系统或备份还原硬盘数据。Ghost虽然功能实用，使用方便，但它有一个突出的问题，即大部分版本都是英文界面，这给英语不好的朋友带来不小的麻烦。接下来重点介绍Ghost程序中英文菜单的功能。

■ **问答1：Ghost 程序的一级菜单有何功能？**

Ghost第一级菜单功能如图10-3所示。

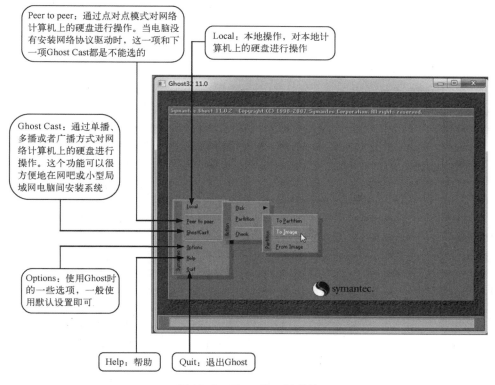

图 10-3 Ghost 的一级菜单

问答 2:Ghost 程序的 Local 二级菜单有哪些功能?

Ghost 程序的 Local 二级菜单如图 10-4 所示。

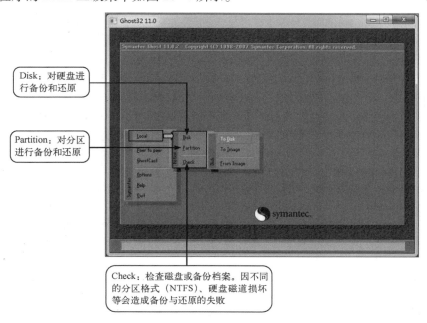

图 10-4 Local 二级菜单

专家提示

由于用户常使用的是 Ghost 本地操作，因此这里主要介绍 Local 二级菜单。

问答 3：Ghost 程序常用菜单 Local 的第三级菜单有哪些功能？

Local 菜单下的 Disk 三级菜单的功能如图 10-5 所示。

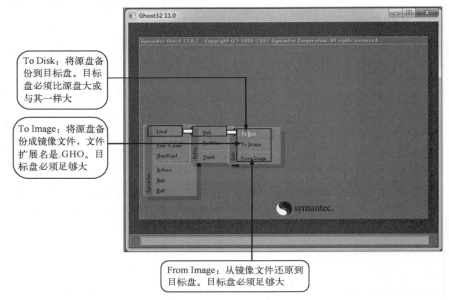

图 10-5　Local 菜单下的 Disk 三级菜单

Local 菜单下的 Partition 三级菜单的功能如图 10-6 所示。

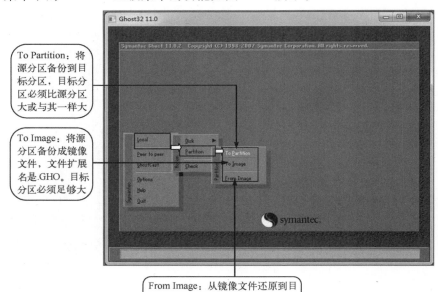

图 10-6　Local 菜单下的 Partition 三级菜单

Local 菜单下的 Check 三级菜单的功能如图 10-7 所示。

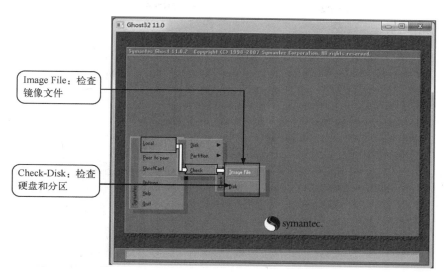

图 10-7　Local 菜单下的 Check 三级菜单

问答 4：Ghost 程序的 Peer To Peer 二级菜单及其子菜单有何功能？

Peer To Peer 二级菜单及其子菜单的功能如图 10-8 所示。

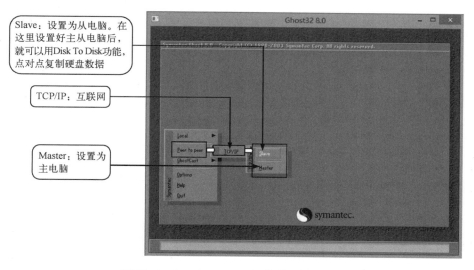

图 10-8　Peer To Peer 二级菜单及其子菜单

问答 5：Ghost 程序的 Ghost Cast 二级菜单有何功能？

Ghost Cast 二级菜单的功能如图 10-9 所示。

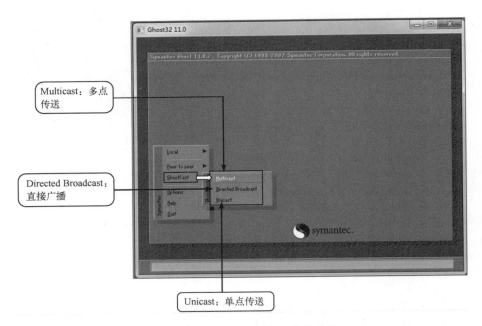

图 10-9　Ghost Cast 的二级菜单功能

10.2　实战：重装 Windows 操作系统

10.2.1　任务 1：用 Ghost 备份电脑系统

用 Ghost 备份系统后，就可以重装系统时使用克隆文件重装。用 Ghost 备份电脑系统的方法如图 10-10 所示。

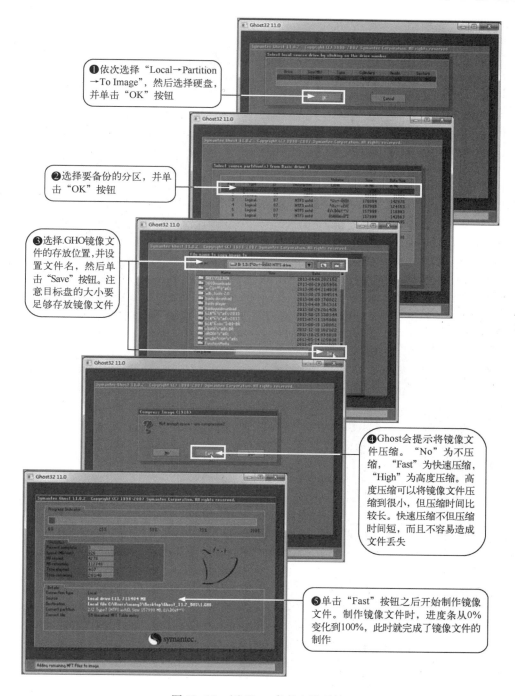

❶依次选择"Local→Partition→To Image",然后选择硬盘,并单击"OK"按钮

❷选择要备份的分区,并单击"OK"按钮

❸选择.GHO镜像文件的存放位置,并设置文件名,然后单击"Save"按钮。注意目标盘的大小要足够存放镜像文件

❹Ghost会提示将镜像文件压缩。"No"为不压缩,"Fast"为快速压缩,"High"为高度压缩。高度压缩可以将镜像文件压缩到很小,但压缩时间比较长。快速压缩不但压缩时间短,而且不容易造成文件丢失

❺单击"Fast"按钮之后开始制作镜像文件。制作镜像文件时,进度条从0%变化到100%,此时就完成了镜像文件的制作

图 10-10　用 Ghost 备份电脑系统

10.2.2　任务 2:用 Ghost 重装电脑系统

用 Ghost 重装电脑系统的方法如图 10-11 所示。

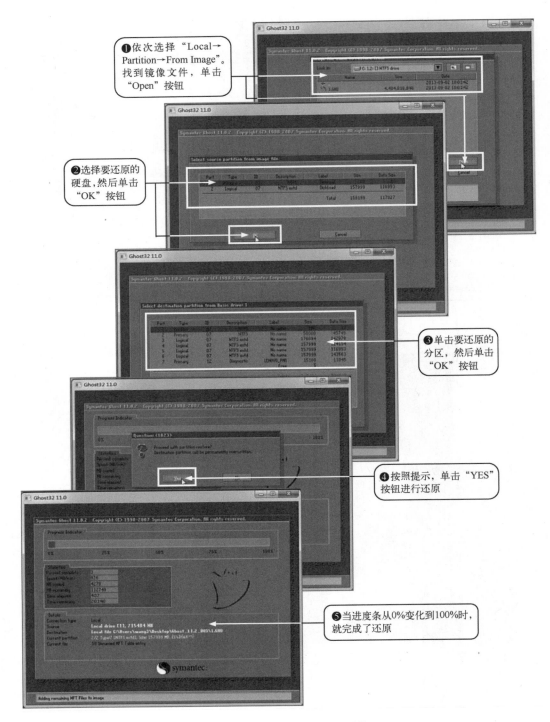

图 10-11　用 Ghost 还原电脑系统

10.2.3　任务 3：重置 Windows 10 系统

如果电脑出现故障，如软件冲突、系统卡顿、中毒等，但是又找不到解决的办法，这时可以用 Windows 10 系统自带的强大的自我修复功能来重装系统，从而快速解决问题。

Windows 10 系统中的自我修复功能有两种模式，一种是恢复电脑而不影响用户的文件，另一种是删除所有内容并重装 Windows。其中，用第二种模式重置系统后，会清除电脑中所有内容，包括产品密钥等信息，重置系统后还需要进行软硬件安装设置。而第一种模式将把 Windows 10 系统全自动地重新安装一次，但还保留现有的软件等。

重置 Windows 10 系统的方法如图 10-12 所示（Windows 8 系统的重置方法与此类似）。

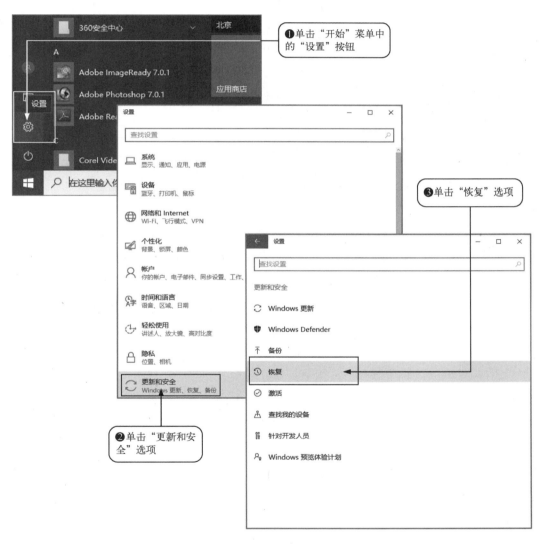

图 10-12　重置 Windows 10 系统

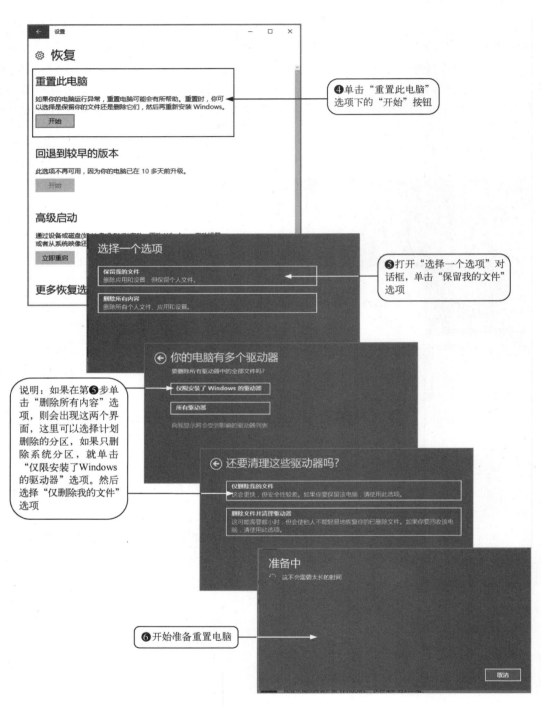

图 10-12 重置 Windows 10 系统（续）

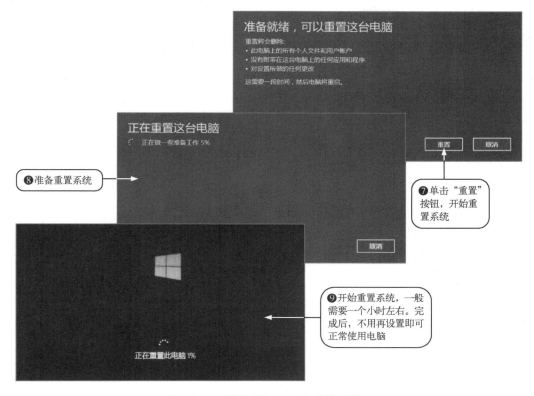

图 10-12 重置 Windows 10 系统（续）

10.2.4 任务 4：重装 Windows 8 系统

系统不仅可以使用 U 盘来重装，而且可以使用光盘来重装。重装系统和之前的安装全新系统的区别在于重装系统的过程中，不对硬盘进行分区，一般只格式化系统盘（一般为 C 盘），其他的安装步骤与安装全新系统完全一样。

图 10-13 所示为重装 Windows 8 系统与安装新系统的不同之处。

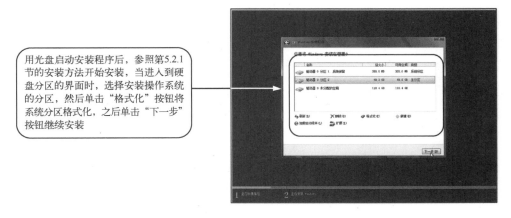

图 10-13 重装 Windows 8 系统

10.3 高手经验总结

经验一：重装系统前一定要备份好电脑中的文件。

经验二：用 Ghost 备份系统前，一般先装好系统，设置好驱动程序，安装好应用软件，安装好系统补丁，优化好系统，并在电脑运行正常的情况下，再进行系统备份。

经验三：重置系统和完全重装系统有一定区别，虽然重置系统花费的时间要长一些，但重置系统可以保留驱动程序和软件，这样可以省去一些麻烦。

第**11**章

备份系统和恢复系统

学习目标

1. 了解备份系统的作用及时机
2. 掌握利用 Windows 系统备份系统的方法
3. 掌握利用 Windows 系统恢复系统的方法

学习效果

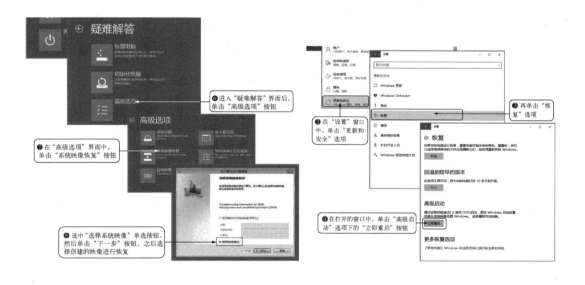

对于普通用户和电脑初学者来说，重新安装系统有一定的难度，即便对于专业的维修人员来说，重装系统也会耗费很长的时间，所以为了方便维护电脑，可以将电脑的系统进行备份，当出现故障时，就可以通过恢复系统的方法来修复系统，从而省略了重装系统的问题。

11.1 知识储备

问答1：为什么要备份系统？

备份系统是为了在操作系统出现问题时，用户能够使用备份的系统文件来还原系统，从而避免费时费力地重装系统。备份系统是将一个完整的、纯净的系统保存起来，如果系统出现问题了，用户就可以通过系统还原几分钟内解决系统问题了。

总体来说，备份系统的有以下几点优点。

（1）备份好的系统可以作为一个系统镜像，在电脑需要重装系统时进行还原操作，从而实现又快又好地重装系统。

（2）使用备份的系统镜像还原后，可以得到一个已装好各种自己所需软件的可用系统。由于每个人使用的软件和游戏都不同，如果重新安装系统，通常需要逐一安装这些软件和游戏。

（3）当电脑中了顽固病毒，或者系统文件损坏导致电脑无法开机时，可以使用备份的系统，在不能上网、没有U盘、没有光盘的情况下完成系统的重装。

问答2：何时备份系统好？

（1）当系统安装完毕，驱动程序都设置好，并将需要的软件都安装完成后，就可以进行备份系统了。这时的系统比较干净，在备份的系统中垃圾文件也少，运行起来较为迅速。

（2）在电脑能够正常使用的情况下，选择任一时间点进行备份系统。

问答3：备份和还原系统的方法有哪几种？

备份和还原系统的方法有多种，一般可以通过下面两种方法进行备份和还原。

（1）使用Ghost软件来进行备份和还原系统。

（2）使用Windows系统自带的备份还原功能进行备份和还原。

11.2 实战：备份与还原系统

11.2.1 任务1：备份系统

备份系统是对Windows的系统盘进行备份，从数据的安全方面进行考虑，建议Windows Complete PC备份包括全部分区上的所有文件和程序。同时，要求必须将硬盘格式设为NTFS。如果需要将备份保存到外部硬盘，那么必须将该盘格式设为NTFS。保存备份的硬盘不能是动态磁盘，必须是基本磁盘。备份系统的方法如图 11-1 所示。

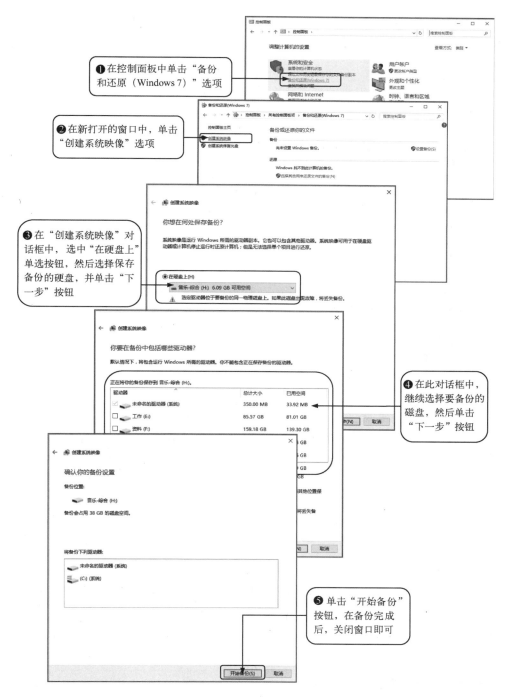

图 11-1　备份系统

11.2.2 任务 2：还原系统

还原系统可以使用系统的还原功能将之前备份的系统还原，也可以用 Windows 系统安装光盘进行还原，下面分别讲解。

1. 用系统还原功能还原

用系统还原功能还原计算机的操作是在电脑的"高级选项"界面中单击"系统映像恢复"选项，然后按照提示进行操作即可，具体操作过程如图 11-2 所示。

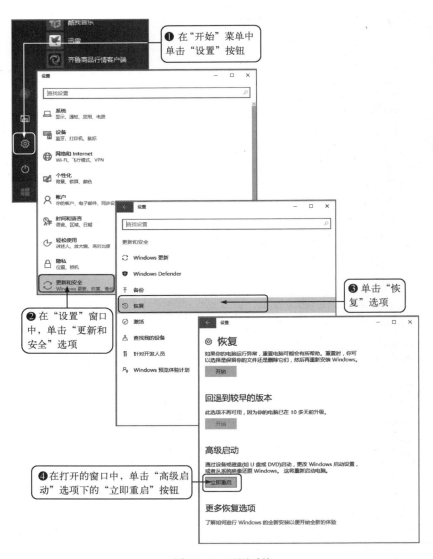

图 11-2 还原系统

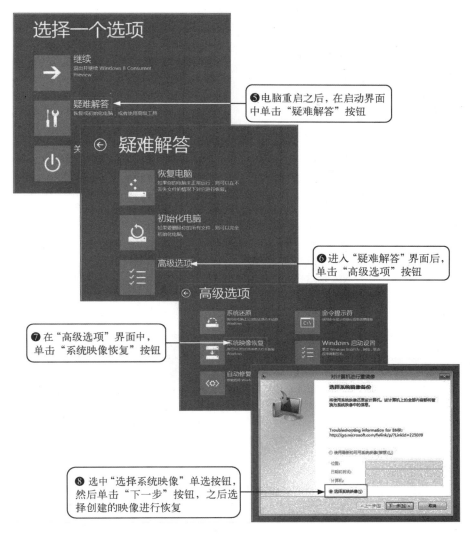

图 11-2　还原系统（续）

2. 用 Windows 系统安装光盘还原

用 Windows 系统安装光盘进行还原的操作步骤是首先将 Windows 安装光盘放入光驱（如果是用 Windows 安装 U 盘，则插入 USB 口），并在 BIOS 设置程序中设置第一启动顺序为光盘启动（如果是用 U 盘，则设置 U 盘启动，然后启动电脑。接下来按照图 11-3 所示的步骤进行操作（这里以 U 盘安装为例）。

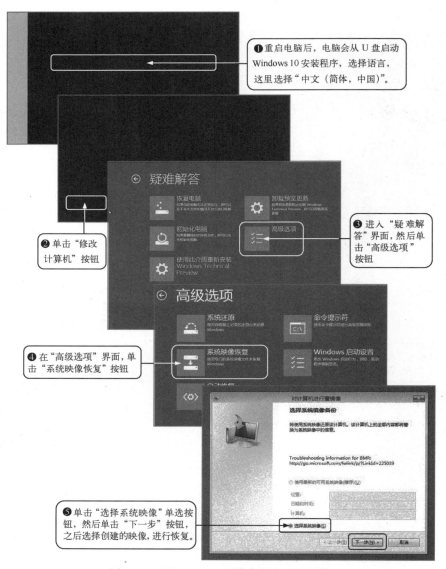

图 11-3　用 Windows 系统安装盘还原系统

11.3　高手经验总结

经验一：在安装完全新的操作系统，设置好硬件驱动程序，安装好软件后，建议备份一下系统。这样在今后系统出现错误或故障时，可以利用备份恢复系统，从而节省系统维护的时间。

经验二：备份系统时，一定要将备份的文件保存到非系统分区上例如，D 盘或 E 盘等。

经验三：还原系统时，通常需要启动电脑，因此最好提前准备一个 Windows PE 启动盘，以备不时之需。

第 12 章

恢复丢失的电脑数据

学习目标

1. 了解数据丢失的原因
2. 认识常用数据恢复软件
3. 掌握恢复误删除文件的方法
4. 掌握恢复格式化磁盘中的文件的方法
5. 掌握修复损坏文件的方法

学习效果

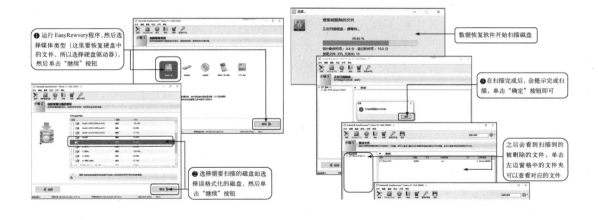

❶ 运行 EasyRewvery 程序，然后选择媒体类型（这里要恢复硬盘中的文件，所以选择硬盘驱动器），然后单击"继续"按钮

❷ 选择需要扫描的磁盘即选择误格式化的磁盘，然后单击"继续"按钮

数据恢复软件开始扫描磁盘

❸ 在扫描完成后，会提示完成扫描，单击"确定"按钮即可

之后会看到扫描到的被删除的文件，单击左边窗格中的文件夹可以查看对应的文件

在进行数据恢复时，首先要调查造成数据丢失或损坏的原因，然后才能对症下药，根据不同的数据丢失或损坏的原因使用对应的数据恢复方法。本章将根据不同的数据丢失（或损坏）原因分析数据恢复方法。

12.1 知识储备

在对数据进行恢复前，要先进行故障分析，不能盲目地做一些无用的操作，以免造成数据被覆盖无法恢复。

12.1.1 数据恢复分析

问答1：造成数据丢失的原因有哪些？

造成硬盘数据丢失的原因比较多，一般可以分为人为原因、自然原因、软件原因、硬件原因。

（1）人为原因造成的数据丢失或损坏

人为原因主要是指由于使用人员的误操作造成的数据被破坏，如，误格式化、误分区、误克隆、误删除或覆盖、人为地摔坏硬盘等。

人为原因造成的数据丢失现象一般表现为操作系统丢失、无法正常启动系统、磁盘读写错误、找不到所需要的文件、文件打不开、文件打开后乱码、硬盘没有分区、提示某个硬盘分区没有格式化、硬盘被强制格式化、硬盘无法识别或发出异响等。

（2）自然原因造成的数据丢失

水灾、火灾、雷击、地震等可能造成计算机系统的破坏，导致存储数据被破坏或完全丢失，或操作时断电、意外电磁干扰等造成数据丢失或破坏。

自然原因造成的数据丢失或损坏现象一般表现为无法识别硬盘或盘体损坏、磁盘读写错误、找不到所需要的文件、文件打不开、文件打开后乱码等。

（3）软件原因造成的数据丢失或损坏

软件原因主要是指病毒感染、零磁道损坏、硬盘逻辑锁、系统错误或瘫痪以及，软件漏洞对数据的破坏等。

软件原因造成的数据丢失现象一般表现为操作系统丢失、无法正常启动系统、磁盘读写错误、找不到所需要的文件、文件打不开、文件打开后乱码、硬盘没有分区、提示某个硬盘分区没有格式化、硬盘被锁等。

（4）硬件原因造成的数据丢失或损坏

硬件原因主要是指电脑设备的硬件故障（包括存储介质的老化、失效）、磁盘划伤、磁头变形、磁臂断裂、磁头放大器损坏、芯片组或其他元器件损坏等。

硬件原因造成的数据丢失或损坏现象一般表现为系统不认硬盘，常有一种"咔嚓咔嚓"或"哐当、哐当"的磁阻撞击声，或电机不转，通电后无任何声音，磁头定位不准造成读写错误等现象。

问答2：什么样的硬盘数据可以恢复？

一块新的硬盘首先必须分区，再对相应的分区进行格式化，这样才能在这个硬盘上存储数据。

当需要从硬盘中读取文件时，先读取某一分区的 BPB（分区表参数块）参数至内存，然后从目录区中读取文件的目录表（包括文件名、后缀名、文件大小、修改日期和文件在数据区保存的第一个簇的簇号），找到相对应文件的首扇区和 FAT 表的入口，接着从 FAT 表中找到后续扇区的相应链接，最后移动硬盘的磁臂到对应的位置进行文件读取。当读到文件结束标志"FF"时，就完成了某一个文件的读写操作。

当需要保存文件时，操作系统首先在 DIR 区（目录区）中找到空闲区写入文件名、大小和创建时间等相应信息，再在数据区找出空闲区域将文件保存，然后将数据区的第一个簇写入目录区，同时完成 FAT 表的填写，具体的动作和文件读取动作差不多。

当需要删除文件时，操作系统只是将目录区中该文件的第一个字符改为"E5"来表示该文件已经删除，同时改写引导扇区的第二个扇区，用来表示该分区可用空间大小的相应信息，而文件在数据区中的信息并没有删除。

当给一块硬盘分区、格式化时，并没有将数据从数据区直接删除，而是利用 Fdisk 重新建立硬盘分区表，利用 Format 格式化重新建立 FAT 表而已。

综上所述，在实际操作中，删除文件、重新分区并快速格式化（Format 不要加 U 参数）、快速低级格式化、重整硬盘缺陷列表等，都不会把数据从物理扇区的数据区中真正抹去。删除文件只是把文件的地址信息在列表中抹去，而文件的数据本身还在原来的地方，除非复制新的数据并覆盖到那些扇区，才会把原来的数据真正抹去。重新分区和快速格式化只不过是重新构造新的分区表和扇区信息，同样不会影响原来的数据在扇区中的物理存在，直到有新的数据去覆盖它们为止。而快速低级格式化是用 DM 软件快速重写盘面、磁头、柱面、扇区等初始化信息，仍然不会把数据从原来的扇区中抹去。重整硬盘缺陷列表也是把新的缺陷扇区加入到 G 列表或者 P 列表中去，而对于数据本身，其实还是没有实质性影响。但那些本来储存在缺陷扇区中的数据就无法恢复了，因为扇区已经出现物理损坏，即使不加入缺陷列表，也很难恢复。

上述操作造成的数据丢失，一般都可以恢复。在进行数据恢复时，最关键的一点是在错误操作出现后，不要再对硬盘做任何无意义操作，也不要再向硬盘写入任何东西。

一般对于上述操作造成的数据丢失，在恢复数据时，可以通过专门的数据恢复软件（如 EasyRecovery、Final Data 等）来恢复。但如果硬盘有轻微的缺陷，用专门的数据恢复软件恢复将会有一些困难，应该稍微修理一下，让硬盘可以正常使用后，再进行软件的数据恢复。

另外，如果硬盘已经不能运转了，这时需要使用成本比较高的软硬件结合的方式来恢复。采用软硬件结合的数据恢复方式，关键在于恢复用的仪器设备。这些设备都需要放置在级别非常高的超净无尘工作间里面。用这些设备进行恢复的方法一般都是把硬盘拆开，把损坏的磁盘放进机器的超净工作台上，然后用激光束对盘片表面进行扫描。因为盘面上的磁信号其实是数字信号（0 和 1），所以相应地，反映到激光束发射的信号上也是不同的。这些仪器就是通过这样的扫描，一丝不漏地把整个硬盘的原始信号记录在仪器附带的电脑里面，再通过专门的软件分析来进行数据恢复；或者将损坏的硬盘的磁盘拆下后安装在另一个型号相同的硬盘中，借助正常的硬盘读取损坏磁盘的数据。

12.1.2 了解数据恢复软件

问答 1：常用的数据恢复软件有哪些？

在日常维修中，通常使用专门的数据恢复软件来恢复硬盘的数据。使用这些软件恢复数据的成功率也较高。常用的数据恢复软件有 EasyRecovery、FinalData、R – Studio、DiskGenius、WinHex 等。

问答 2：EasyRecovery 数据恢复软件有哪些功能？

EasyRecovery 是一款非常著名的老牌数据恢复软件。该软件可以说功能非常强大，它能够恢复因分区表破坏、病毒攻击、误删除、误格式化、重新分区后等原因而丢失的数据，甚至可以不依靠分区表，只按照簇来进行硬盘扫描。

另外，EasyRecovery 软件还能够对 ZIP 文件以及微软的 Office 系列文档进行修复，图 12-1 所示为 EasyRecovery 软件主界面。

图 12-1　EasyRecovery 软件主界面

问答 3：FinalData 数据恢复软件有哪些功能？

FinalData 软件自身的优势就是恢复速度快，可以大大缩短搜索丢失数据的时间。FinalData 不仅恢复速度快，而且在数据恢复方面的功能也十分强大既可以按照物理硬盘或者逻辑分区来进行扫描，也可以通过对硬盘的绝对扇区来扫描分区表，从而找到丢失的分区。

FinalData 软件在对硬盘扫描之后会在其浏览器的左侧显示出文件的各种信息，并且把找到的文件按状态进行归类，如果状态是已经被破坏，表明如果对数据进行恢复也不能完全找回数据。从而方便用户了解恢复数据的可能性。同时，此款软件还可以通过扩展名来进行同类文件的搜索，这样就方便对同一类型文件进行数据恢复。

FinalData 软件可以恢复误删除（并从回收站中清除）、FAT 表或者磁盘根区被病毒侵蚀造成的文件信息全部丢失，物理故障造成 FAT 表或者磁盘根区不可读，以及磁盘格式化造成的全部文件信息丢失，损坏的 Office 文件、邮件文件、Mpeg 文件、Oracle 文件，磁盘格式化、分区造成的文件丢失等，图 12-2 为 Finaldata 软件界面，表 12-1 为图 12-2 所示 Final-Data 软件界面左边导航窗格中各项的含义。

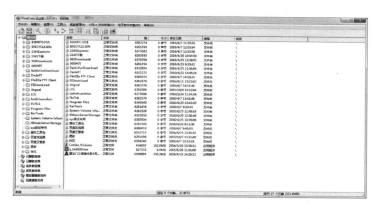

图 12-2　Finaldata 软件界面

表 12-1　导航窗格中各项的含义

内　容	含　义
根目录	正常根目录
已删除目录	从根目录删除的目录集合
已删除文件	从根目录删除的文件集合
丢失的目录	如果根目录由于格式化或者病毒等而被破坏，FinalData 就会把发现和恢复的信息放到"丢失的目录"中
丢失的文件	被严重破坏的文件，如果数据部分依然完好，可以从"丢失的文件"中恢复
最近删除的文件	在 FinalData 安装后，"文件删除管理器"功能自动将被删除文件的信息加入到"最近删除的文件"中。这些文件信息保存在一个特殊的硬盘位置，一般可以完整地恢复
已搜索的文件	显示通过"查找"功能找到的文件

问答 4：R - Studio 数据恢复软件有哪些功能？

R - Studio 软件是功能超强的数据恢复、反删除工具，可以支持 FAT16、FAT32、NTFS 和 Ext2（Linux 系统）格式的分区，同时提供对本地和网络磁盘的支持。

R - Studio 软件支持 Windows XP 等系统，可以通过网络恢复远程数据、能够重建损毁的 RAID 阵列；为磁盘、分区、目录生成镜像文件；恢复删除分区上的文件、加密文件（NTFS 5）、数据流（NTFS、NTFS 5）；恢复 FDISK 或其他磁盘工具删除过的数据、病毒破坏的数据、MBR 破坏后的数据等。图 12-3 所示为 R - Studio 软件主界面。

图 12-3　R – Studio 软件主界面

问答 5：DiskGenius 数据恢复软件有哪些功能？

DiskGenius 是一款硬盘分区及数据维护软件。它不仅提供了基本的硬盘分区功能（例如，建立、激活、删除、隐藏分区），还具有强大的分区维护功能（例如，分区表备份和恢复、分区参数修改、硬盘主引导记录修复、重建分区表等）。此外，它还具有分区格式化、分区无损调整、硬盘表面扫描、扇区拷贝、彻底清除扇区数据等实用功能，并增加了对 VMWare 虚拟硬盘的支持。图 12-4 所示为 DiskGenius 软件主界面。

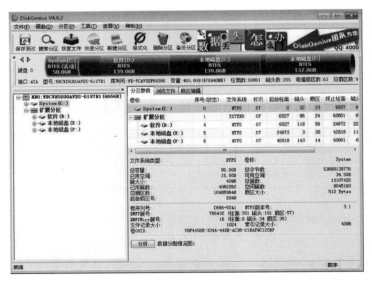

图 12-4　DiskGenius 软件主界面

问答 6：WinHex 数据恢复软件有哪些功能？

WinHex 是一款在 Windows 下运行的十六进制编辑软件，此软件功能强大，有完善的分区管理功能和文件管理功能，能自动分析分区链和文件簇链，能对硬盘进行不同方式、不同程度的备份，甚至克隆整个硬盘。它能够编辑任何一种文件类型的二进制内容（用十六进制显示），其磁盘编辑器可以编辑物理磁盘或逻辑磁盘的任意扇区。

另外，该软件可以用来检查和修复各种文件、恢复删除文件、处理硬盘损坏造成的数据丢失问题等。同时，它还可以让用户看到被其他程序隐藏起来的文件和数据。此软件主要通过手工恢复数据。图 12-5 所示为 WinHex 软件主界面。

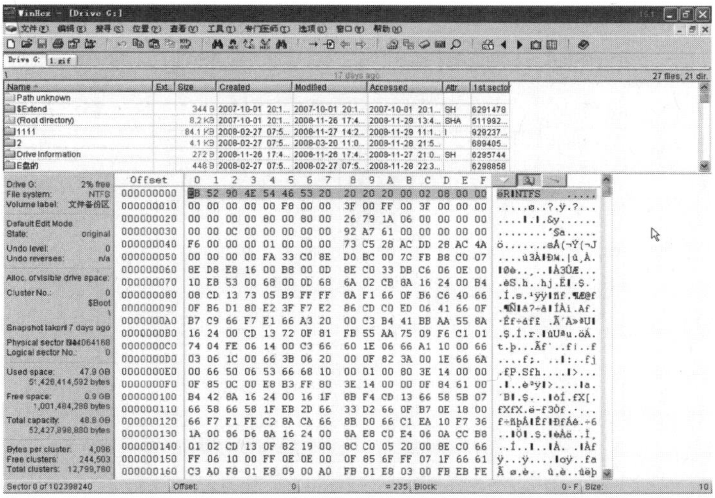

图 12-5　Winhex 软件主界面

12. 2　实战：恢复损坏或丢失的数据

下面通过实战案例来讲解数据恢复的方法。

12. 2. 1　任务 1：恢复误删除的照片或文件

照片或文件被误删除（回收站中已经被清空）是一种比较常见的数据丢失情况。对于这种数据丢失情况，在数据恢复前不要再向该分区或者磁盘写入信息（保存新资料），这样刚被删除的文件被恢复的可能性才最大。如果向该分区或磁盘写入信息就可能将误删除的数据覆盖，而无法恢复。

在 Windows 系统中，删除文件仅仅是把文件的首字节改为 "E5H"，而数据区的内容并没有被修改，因此比较容易恢复。此时可以使用 EasyRecovery 或 FinalData 等数据恢复软件轻松地把误删除或意外丢失的文件找回来。

不过，需要特别注意的是，在发现文件丢失后，准备使用恢复软件时，不能直接在故障电脑中安装这些恢复软件，因为软件的安装可能恰恰把刚才丢失的文件覆盖掉。最好把硬盘连接到其他电脑上进行恢复。

恢复误删除的照片或文件的操作步骤如图 12-6 所示。

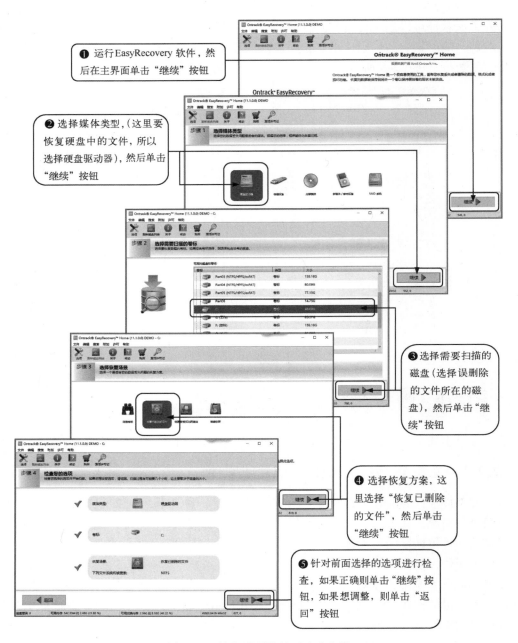

❶ 运行 EasyRecovery 软件，然后在主界面单击"继续"按钮

❷ 选择媒体类型，(这里要恢复硬盘中的文件，所以选择硬盘驱动器)，然后单击"继续"按钮

❸ 选择需要扫描的磁盘（选择误删除的文件所在的磁盘），然后单击"继续"按钮

❹ 选择恢复方案，这里选择"恢复已删除的文件"，然后单击"继续"按钮

❺ 针对前面选择的选项进行检查，如果正确则单击"继续"按钮，如果想调整，则单击"返回"按钮

图 12-6 恢复误删除的照片或文件

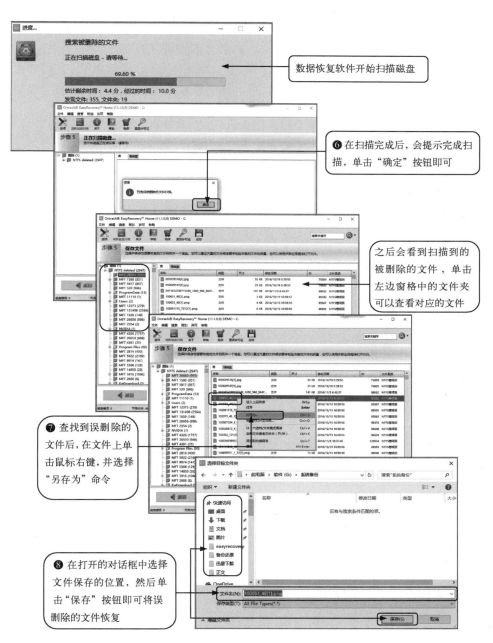

数据恢复软件开始扫描磁盘

⑥ 在扫描完成后，会提示完成扫描，单击"确定"按钮即可

之后会看到扫描到的被删除的文件，单击左边窗格中的文件夹可以查看对应的文件

⑦ 查找到误删除的文件后，在文件上单击鼠标右键，并选择"另存为"命令

⑧ 在打开的对话框中选择文件保存的位置，然后单击"保存"按钮即可将误删除的文件恢复

图 12-6　恢复误删除的照片或文件（续）

12.2.2 任务2：抢救系统无法启动后电脑中的文件

当 Windows 系统损坏，导致无法开机启动时，一般需要通过重新安装系统来修复故障，而重装系统通常会将 C 盘格式化，这样势必造成 C 盘中未备份的文件的丢失。因此在安装系统前，需要将 C 盘中有用的文件备份出来，然后才能安装系统。

对于这种情况，可以使用启动盘启动电脑（如 Windows PE 启动盘），直接将系统盘中的有用文件复制到非系统盘中。或采取将故障电脑的硬盘连接到其他电脑中的方法，将系统盘（C 盘）的数据复制出来。

具体操作步骤如下。

第1步：准备一张 Windows PE 启动光盘，将光盘放入光驱。然后在 BIOS 中把第一启动顺序设置为光驱启动，保存并退出，重启电脑。

第2步：重新启动电脑后，选择从 Windows PE 启动系统。

第3步：进入桌面后，打开桌面上的"我的文档"文件夹，然后将有用的文件复制到 E 盘，如图 12-7 所示。

图 12-7　在 Windows PE 系统中备份数据文件

提示：利用加密文件系统（Encrypting File System，EFS）加密的文件不易被恢复。

12.2.3 任务3：修复损坏或丢失的 Word 文档

当 Word 文档损坏而无法打开时，可以采用一些方法修复损坏该文档，恢复受损文档中的信息。"打开并修复"是 Word 具有的文件修复功能，当 Word 文件损坏后可以尝试这种方法。具体方法如下。

第1步：运行 Word 2007 程序，然后单击"Office"按钮，并在弹出的菜单中选择"打开"命令。

第2步：弹出"打开"对话框，在此对话框中选择要修复的文件，然后单击"打开"按钮右边的下拉按钮，并在弹出的下拉列表中选择"打开并修复"选项，如图 12-8 所示。

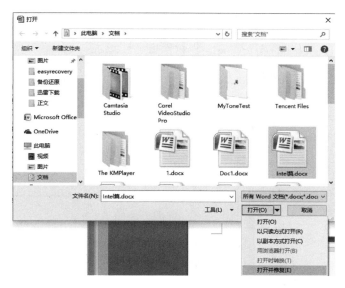

图 12-8　"打开"对话框

第 3 步：Word 程序自动修复损坏的文件并打开该文档。

12.2.4　任务 4：恢复误格式化磁盘中的文件

当格式化一块硬盘时，并没有将数据从硬盘的数据区（DATA 区）直接删除，而是利用 Format 格式化重新建立了分区表，所以硬盘中的数据还有被恢复的可能。通常，硬盘被格式化后，需要结合数据恢复软件进行恢复。恢复误格式化磁盘的文件的方法如图 12-9 所示。

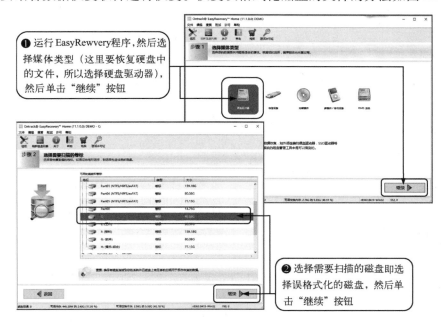

图 12-9　恢复误格式化磁盘中的文件

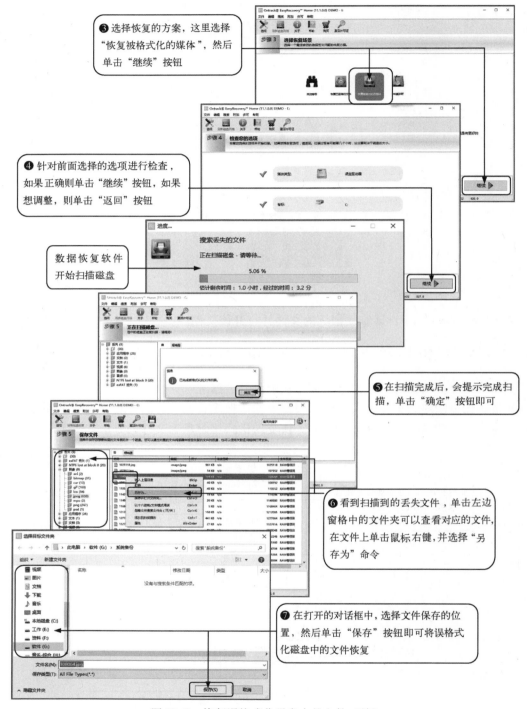

图 12-9　恢复误格式化磁盘中的文件（续）

12.2.5　任务 5：恢复手机存储卡中误删的照片

如果不小心把手机存储卡内的相片删除了，那么该怎么办？这是很多朋友都遇到的问题。手机中存放了一些新拍的照片，一不小心删除掉了，还有没有办法恢复呢？由于手机用的是闪存，和电脑的机械硬盘相比，手机数据被删除后要恢复更加困难。不过，只要丢失数据没有被彻底覆盖掉，还是有机会找回的。

　　恢复手机存储卡中误删的照片的方法如图 12-10 所示。

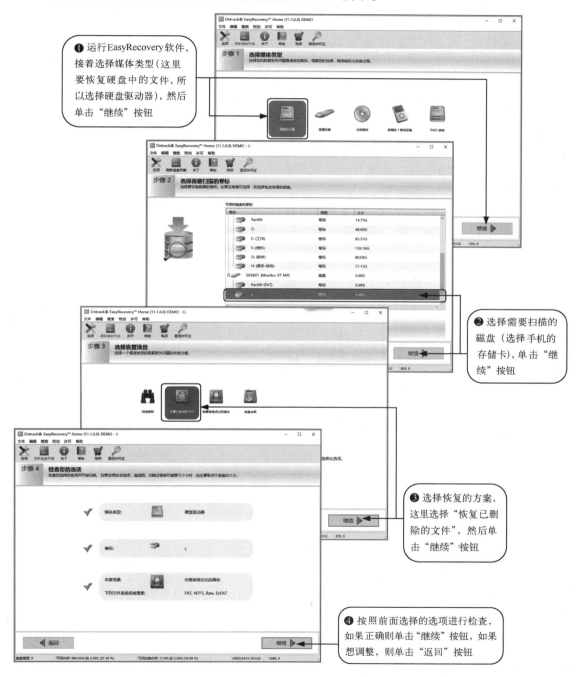

图 12-10　恢复手机存储卡中误删的照片

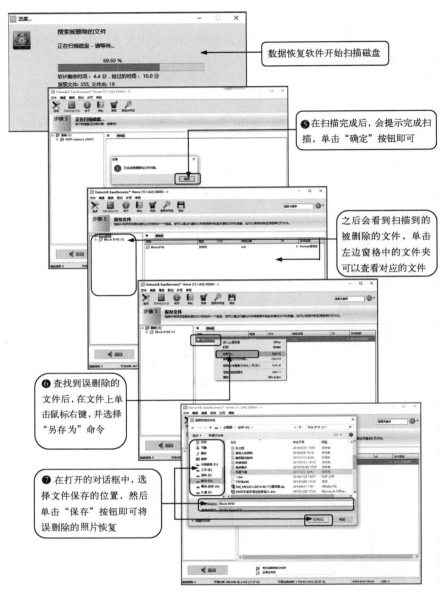

图 12-10　恢复手机存储卡中误删的照片（续）

12.3　高手经验总结

经验一：当发现文件或照片被误删除之后，首先要停止操作误删除文件所在的磁盘，更不能往里面存放文件，否则可能造成删除的文件无法恢复。

经验二：不同的数据恢复软件有不同的特点和用处，最好对各个数据恢复软件的功能了解清楚。

经验三：启动盘在日常维修和维护电脑中经常会用到，最好提前准备一个 Windows PE 启动盘。

第⑬章

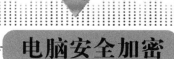

电脑安全加密

学习目标

1. 掌握系统加密的方法
2. 掌握应用软件加密的方法
3. 掌握锁定电脑系统的方法
4. 掌握给 Office 文件加密的方法
5. 掌握给压缩文件加密的方法
6. 掌握给文件夹加密的方法
7. 掌握给共享文件夹加密的方法
8. 掌握给硬盘驱动器加密的方法

学习效果

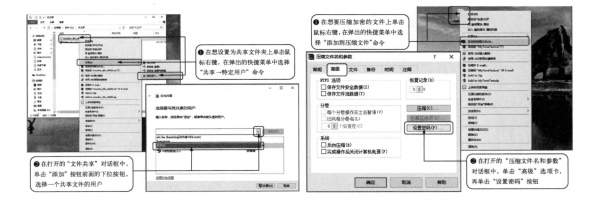

进入信息化和网络化的时代以来，人们可以通过网络来获取并处理信息，同时将自己重要信息以数据文件的形式保存在电脑中。为防止存储在电脑中的数据信息被泄露，有必要对电脑操作系统及文件进行一定的加密。本章将讲解几种常用的加密方法。

13.1　实战：电脑系统安全防护

13.1.1　任务1：系统加密

1. 设置电脑 BIOS 加密

进入电脑系统，可以设置的第一个密码就是 BIOS 密码。电脑的 BIOS 密码可以分为开机密码（PowerOn Password）、超级用户密码（Supervisor Password）和硬盘密码（Hard Disk Password）。

其中，开机密码需要用户在每次开机时候都输入正确密码才能引导系统；超级用户密码可以阻止未授权用户访问 BIOS 程序；硬盘密码可以阻止未授权的用户访问硬盘上的所有数据，只有输入正确的密码才能访问。图 13-1 所示为要求输入开机密码的界面。

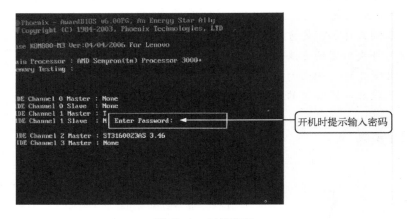

图 13-1　开机密码

另外，超级用户密码用户拥有完全修改 BIOS 设置的权限。而其他两种密码的用户无法设置有些项目。所以，建议用户在设置密码时直接使用超级用户密码。

在台式电脑中，如果忘记了密码，可以通过 CMOS 放电来清除密码。如果用户使用的是笔记本电脑，由于笔记本电脑中的密码有专门的密码芯片管理，所以，忘记了密码，就不能像台式电脑那样通过 CMOS 放电来清除密码，往往需要返回维修站修理。因此，设置密码后一定要注意不要遗忘密码。

BIOS 密码的设置方法请参考 4.2.4 节内容。

2. 设置系统密码

Windows 系统是当前应用最广泛的操作系统之一，在 Windows 系统中可以为每个用户分别设置一个密码，具体设置方法如图 13-2 所示。这里以 Windows 7 系统为例，Windows 8/10 系统的设置方法与此相同。

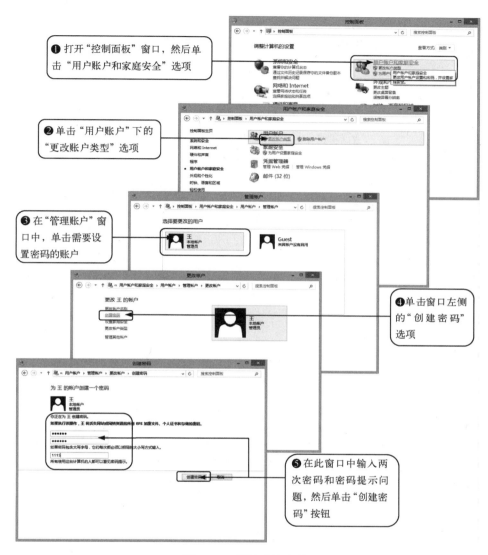

图 13-2 设置系统密码

🟦 13.1.2 任务2：应用软件加密

如果多人共用一台电脑，那么可以在电脑上对软件进行加密，禁止其他用户安装或删除软件。对应用软件加密的方法如图 13-3 所示。

❶ 按〈Win+R〉组合键，并在弹出的"运行"对话框中，输入"gpedit.msc"，单击"确定"按钮

❷ 在"本地组策略编辑器"窗口的左侧窗格中，依次单击"用户配置→管理模板→控制面板→添加或删除程序"选项

❸ 双击"删除'添加或删除程序'"选项

❹ 在打开的窗口中选中"已启用"单选按钮，然后单击"确定"按钮完成设置

图 13-3　应用软件加密

13.1.3　任务 3：锁定电脑系统

当用户在使用电脑时，如果需要暂时离开，并且不希望其他人使用自己的电脑。这时可以把电脑系统锁定起来，当重新使用时，只需要输入密码即可。

下面介绍锁定电脑系统的方法，必须先给 Windows 用户设定登录密码后，才能执行操作。

锁定电脑系统的设置方法如图 13-4 所示。

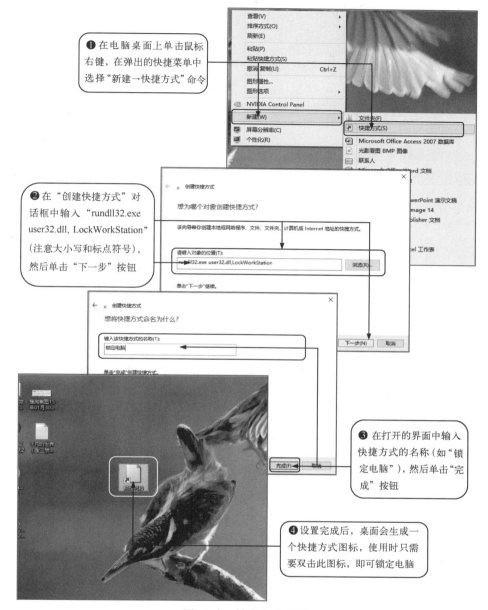

① 在电脑桌面上单击鼠标右键，在弹出的快捷菜单中选择"新建→快捷方式"命令

② 在"创建快捷方式"对话框中输入"rundll32.exe user32.dll, LockWorkStation"（注意大小写和标点符号），然后单击"下一步"按钮

③ 在打开的界面中输入快捷方式的名称（如"锁定电脑"），然后单击"完成"按钮

④ 设置完成后，桌面会生成一个快捷方式图标，使用时只需要双击此图标，即可锁定电脑

图 13-4　锁定电脑系统

13.2　实战：电脑数据安全防护

电脑数据安全防护的方法主要是给数据文件加密，下面介绍几种常见的数据文件的加密方法。

13.2.1　任务 1：给 Office 文件加密

Word 文件和 Excel 文件的加密方法大致相同，这里以 Excel 文件为例讲解给 Office 文件，加密的方法，如图 13-5 所示（以 Office 2007 为例进行讲解）。

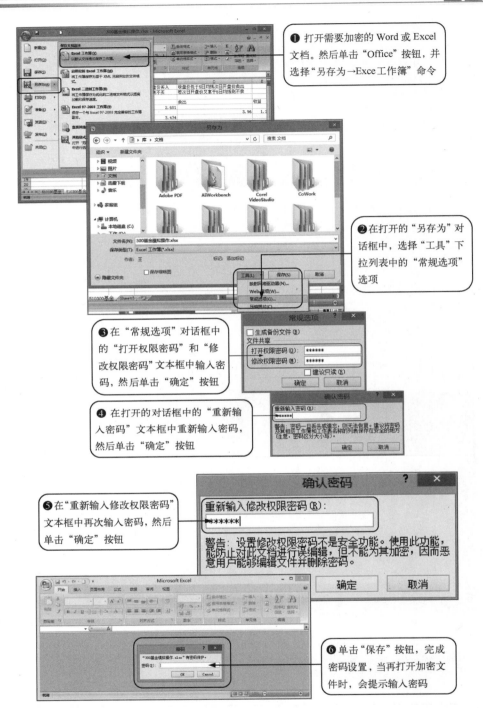

图 13-5　给 Office 文件加密

13.2.2　任务2：给 WinRAR 压缩文件加密

WinRAR 除了用来压缩和解压缩文件，还常常被当作一个加密软件来使用，在压缩文件的时候设置一个密码，就可以达到保护数据的目的。WinRAR 文件的加密方法如图 13-6 所示。

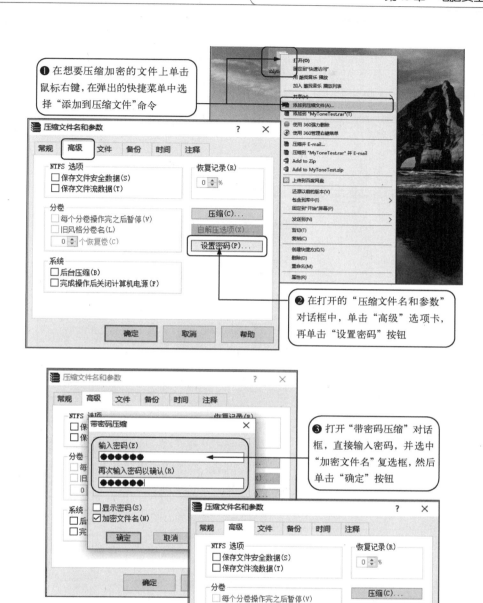

图 13-6 给 WinRAR 压缩文件加密

13.2.3　任务3：给 WinZip 压缩文件加密

WinZip 软件也是一款常用的压缩软件。同样，它也能够用来为压缩文件进行密码设置。这里以 WinZip 11.1 汉化版为例进行讲解，具体方法如图 13-7 所示。

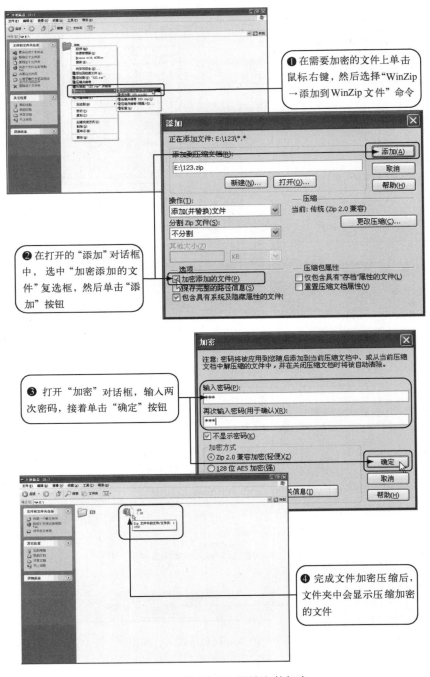

图 13-7　给 WinZip 压缩文件加密

13.2.4　任务4：给数据文件夹加密

数据文件夹加密有两种常用的方法，一种是使用第三方的加密软件进行加密，另一种是使用 Windows 系统进行加密。下面重点介绍利用 Windows 系统来加密各种数据文件。

使用 Windows 进行加密的前提条件分区格式是 NTFS，具体方法如图 13-8 所示。

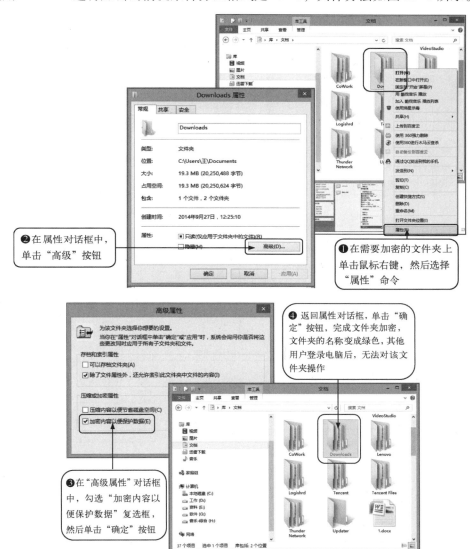

图 13-8　给数据文件夹加密

13.2.5　任务5：给共享文件夹加密

通过对共享文件夹加密，可以为不同的网络用户设置不同的访问权限。给共享文件夹设置权限的方法如图 13-9 所示（这里以 Windows 10 系统为例）。

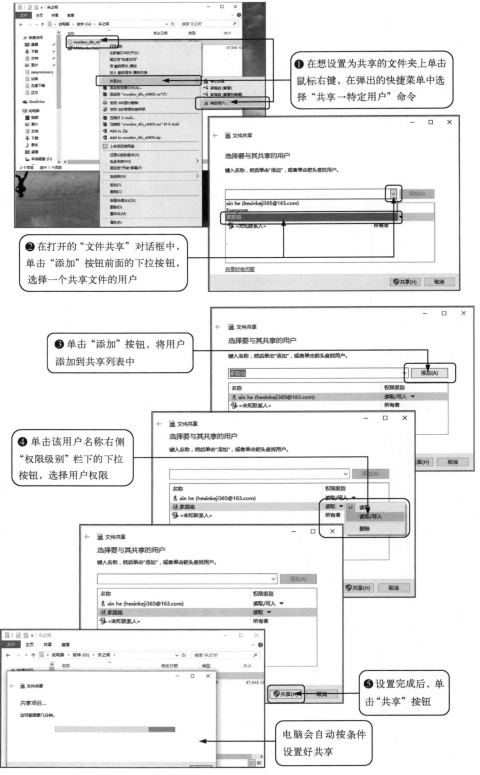

图 13-9　给共享文件夹加密

13.2.6　任务 6：隐藏重要文件

如果担心重要的文件被别人误删，或出于隐私的需要不想让别人看到重要的文件，可以采用隐藏的方法将重要的文件保护起来。具体设置方法如图 13-10 所示。

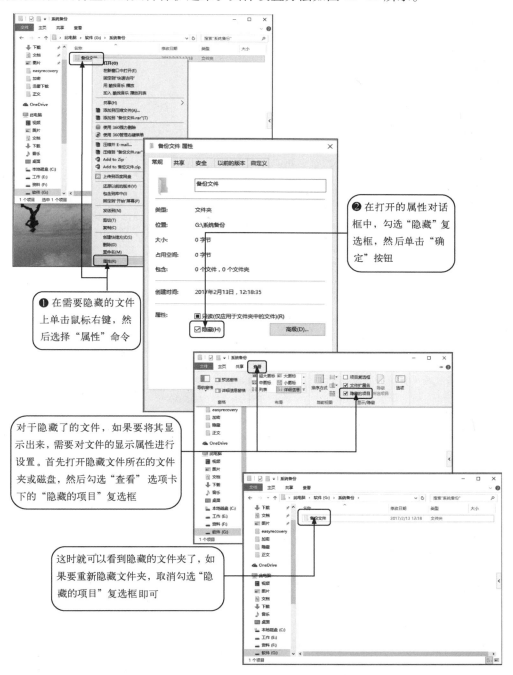

图 13-10　隐藏重要文件

13.3 实战：给硬盘驱动器加密

Windows 系统中有一个功能强大的磁盘管理工具，此工具可以将电脑中的磁盘驱动器隐藏起来，让其他用户无法看到隐藏的驱动器，这样就增强了电脑的安全性。给磁盘驱动器的设置方法如图 13-11 所示。

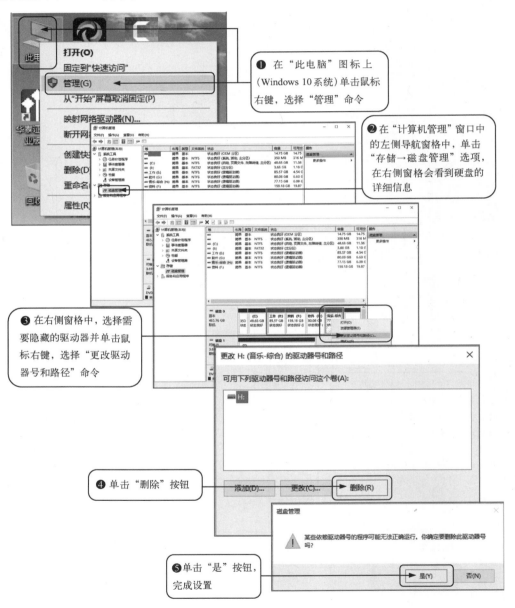

图 13-11　给硬盘驱动器加密

13.4 高手经验总结

经验一：在设置 BIOS 密码时，一定要分清设置的是 BIOS 密码还是系统密码，因为在设置 BIOS 密码时，需要选择相对应的选项。

经验二：对于应用软件加密的操作，有些 Windows 系统没有开放"本地策略编辑器"权限，所以在"运行"对话框中输入"gpedit. msc"会提示找不到文件。

经验三：Office 文件加密、压缩文件加密、隐藏文件和文件夹等都是最简单、实用的加密方法，掌握这些方法对用户来说非常有用。

第14章

电脑故障分析和诊断方法

1. 了解造成电脑软件故障的原因
2. 了解造成电脑硬件故障的原因
3. 掌握 Windows 系统故障的诊断方法
4. 掌握电脑整体故障的诊断方法
5. 掌握电脑 CPU 故障的诊断方法
6. 掌握电脑主板故障的诊断方法
7. 掌握电脑内存故障的诊断方法
8. 掌握电脑显卡故障的诊断方法
9. 掌握电脑硬盘故障的诊断方法
10. 掌握电脑电源故障的诊断方法

学习效果

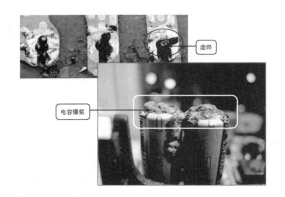

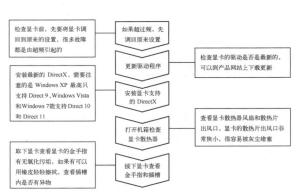

没有人能保证自己的电脑一直不出现故障，电脑故障和电脑形影不离，你不知道它什么时候就会突然出现。"昨天晚上还好好的，今天突然就开不了机了。"拿到电脑公司去修理，第一花费不少，第二耽误时间。如果你了解这些故障的原因，不但可以帮你和你的朋友维修电脑，还能让电脑的使用寿命更长。

14.1 知识储备

14.1.1 电脑软件故障分析

软件故障主要包括 Windows 系统错误、应用程序错误、网络故障和安全故障。

问答1：Windows 系统错误故障由哪些原因造成？

造成 Windows 系统错误的主要原因有使用盗版 Windows 系统光盘、安装过程不正确、误操作造成系统损坏、非法程序造成系统文件丢失等。

这些方面的问题都可以通过重新安装 Windows 系统来修复，在本书第6章中有详细的安装方法。

问答2：应用程序错误故障由哪些原因造成？

造成应用程序错误的主要原因有应用程序版本与当前系统不兼容、应用程序版本与电脑设备不兼容、应用程序间的冲突、缺少运行环境文件、应用程序自身存在错误等。

在安装应用程序之前，应先确认该程序是否适用于当前系统，比如适用于 Windows 7 的应用程序可能在 Windows 10 下无法运行。其次需要确认的是应用程序是否是由正规软件公司制作的，因为现在网上有很多个人或非正规软件公司设计的程序，自身存在很多缺陷，有的甚至带有病毒和木马程序。这样的软件不但无法正常使用，而且很有可能造成系统瘫痪。

问答3：网络故障和安全故障由哪些原因造成？

造成网络故障的原因有两个方面，即网络连接的硬件基础问题和网络设置问题。在本书第8章中，将教您如何搭建小型局域网和如何设置上网参数。

造成安全故障的主要原因有隐私泄漏、感染病毒、黑客袭击、木马攻击等，如图 14-1 所示。

图 14-1 影响电脑安全的多种因素

14.1.2 电脑硬件故障分析

导致电脑硬件故障的主要因素有电、热、灰尘、静电、物理损坏、安装不当、使用不当。弄清引发问题的原因并提前预防，就能有效地防止硬件故障带来的损害，延长电脑的使用年限。图 14-2 所示为各种硬件故障在所有故障中所占的比重。

图 14-2　各种硬件故障所占的比重

问答 1：如何防止供电问题引起硬件故障？

供电引起的硬件故障在电脑故障中是比较常见的，这主要是由过压过流、突然断电、连接错误的电源等导致的。

过压过流指的是在电脑运行期间，电压和电流突然变大或变小，这对电脑来说是致命的灾难。比如，供电线路突然遭到雷击，电压一瞬间超过 1×10^9 V，电流超过 3×10^4 A，此时，不但电脑等电器会被损坏，而且还可能发生剧烈的爆炸，所以在雷雨天气使用电脑是十分危险的。再比如，电脑正常运行期间，周围的大型电器突然开启或停止，这也会使得电压瞬间升高或降低，从而造成电脑硬件的损坏。

要避免因为过压过流带来的硬件损坏，除了注意电脑的周围环境以外，还要使用五防（防雷击、防过载、防漏电、防尘、防火）电源插座，如图 14-3 所示。

图 14-3　五防电源插座

在普通的电源插座中，电线直接连接到导电铜片上，而三防（防雷击、防过压、防过流）或五防插座中，有专门针对过压过流的电路设计，从而可以很好地保护电脑以免在电源不稳时损坏硬件。三防电源插座内部图如图 14-4 所示。

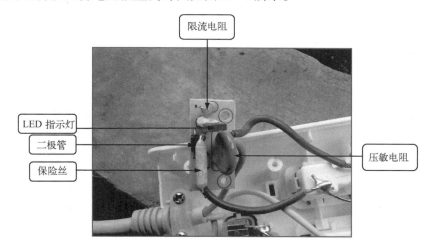

图 14-4　三防电源插座内部

此外，用户还要注意，不要将家用电器与电脑插在同一个插座上，避免开关电器时引起的电压电流变化对电脑的影响。

问答 2：如何防止过热引起硬件异常？

电脑内部有很多会发热的芯片、马达等设备，正常情况下，一定量的发热不会影响电脑的使用。但如果出现了非正常的发热，就可能会导致硬件损坏或过压短路，不但可能会损坏电脑硬件，还有可能损坏其他家用电器。

要防止电脑过热的情况，就要经常检查电脑中的发热大户，比如 CPU、显卡核心芯片、主板芯片组上的风扇、机箱风扇等。如果风扇上积了太多的灰尘，就会影响散热的效果，此时必须及时清理。

问答 3：如何防止灰尘积累导致电路短路？

灰尘是电脑的致命敌人。查看电脑内部，就会发现电路上的各种金属排线纵横交错，电流是通过这些金属线在各部件间传递的。所以，如果灰尘覆盖在金属线上，那么就可能阻碍电流的传递，如图 14-5 所示。

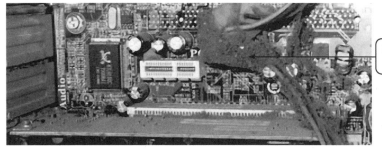

图 14-5　机箱内沉积的灰尘

电脑设备在通电时大多会产生电磁场，此时细微的灰尘就更容易吸附在设备上。所以，定期清理电脑中的灰尘是十分必要的。

清理灰尘可以使用专用的吹风机、皮吹球或灌装的压缩空气，配合软毛小刷子，就能有效地清除沉积的灰尘，如图 14-6 所示。

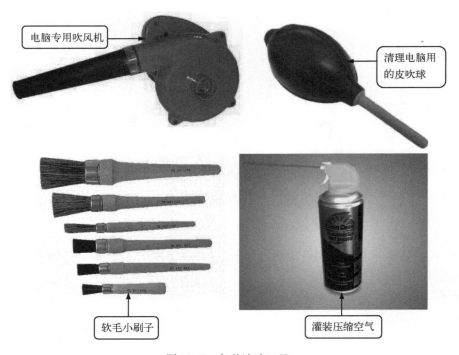

图 14-6　各种清洁工具

问答 4：哪些使用不当会导致电脑故障？

使用不当的情况比较多，例如，电脑所处的不良环境、外力冲击或经常震动等。

在环境方面，比如电脑处在过于潮湿的环境中，空气中的水汽与灰尘一样会附着在电脑硬件上，从而导致电路的短路和不畅。

再比如长期在电脑前抽烟，烟雾中含有胶状物质会导致关键硬件的污损。其中硬盘是最容易由烟雾而引发故障的设备。

此外，如果电脑摆放的地方不是水平的，长期运行在倾斜、倒置等状态下，就会造成一些设备的故障。这是因为高速旋转的电机、马达、风扇等长时间倾斜运行后，不但会使噪音变得更大，而且还会导致这些设备更容易出现故障，以及降低寿命。

电脑与其他物体的距离太近，也会导致互相干扰。所以在摆放电脑时，最好让电脑与其他物体，如墙壁、柜子等保持 5~10 cm 的距离。

最后，注意机箱静电。电脑运行时本身会通过大量电流，导致机箱很容易带上静电，如果使用两个插孔的电源插座，就无法释放电脑上的静电，此时，所以最好将电脑机箱上连接一条导电的电线或铁丝的另一端连接到墙上或地上。

■ **问答 5：如何防止安装不当导致电脑损坏？**

如果不是专业人员拆装电脑，那么就有可能造成安装不当。安装不当会导致电脑不能开机或运行不稳。

电脑的主要设备是插在主板上的板卡和通过导线连接接口的设备。如果连接不正确，就可能导致硬件故障或硬件损毁。所以，在安装之前一定要了解安插的接口和位置。

■ **问答 6：元件物理损坏导致故障由哪些原因造成？**

随着电脑的大众化，电脑硬件的品质也出现了明显的参差不齐。同样一个设备便宜的几十元，贵的上千元。而便宜的与贵的相比，究竟差别在哪？

有些设备在出厂时就带有稳定性方面的隐患，有的是因为虚焊，有的是因为原件的质量等。这些设备刚开始可能可以正常使用，但随着电脑长时间使用，这些部件就会频繁出现各种各样的故障。此外，电脑中的发热部件很多，像 CPU、芯片组都是发热大户，有些部件在长期高温的环境下，就会出现虚焊、烧毁等情况，如图 14-7 所示。

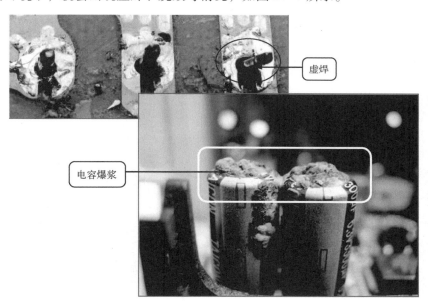

图 14-7 元件物理损坏导致故障

■ **问答 7：静电导致元件被击穿由哪些原因造成？**

电脑中的部件对静电非常敏感。电脑使用的都是 220 V 的市电，但静电一般高达几万伏，在接触电脑部件的一瞬间，可能就会造成电脑设备被静电击穿。因此在接触电脑内部前，必须用水洗手或用手触摸墙、暖气、铁管等能够将静电引到地面的物体。电脑用的电源插座，最好也使用带有地线的三相插座，如图 14-8 所示。

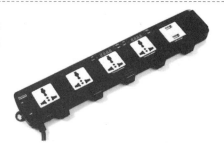

图 14-8 两相和三相插座

14.2 实战：诊断 Windows 系统故障

操作系统故障一般主要是运行类的故障。运行类故障指的是在正常启动完成后，在运行应用程序或工控软件过程中出现错误，无法完成用户要求的任务。

运行类故障主要有内存不足故障、非法操作故障、电脑蓝屏故障、自动重启故障等。针对操作系统的特点，本章将介绍一些常用的诊断方法。

14.2.1 任务 1：用"安全模式"诊断故障

当系统频频出现故障的时候，最简单的排查办法就是用安全模式启动电脑。在安全模式下，Windows 会使用基本默认配置和最小功能启动系统，很多系统设置问题导致的故障（如分辨率设置过高、将内存限制得过小、进入系统就重启、修复注册表等）也可以在此模式中排查和解决。

用安全模式启动系统的方法如下。

1. Windows 7 系统

用安全模式启动 Windows 7 系统的方法如图 14-9 所示。

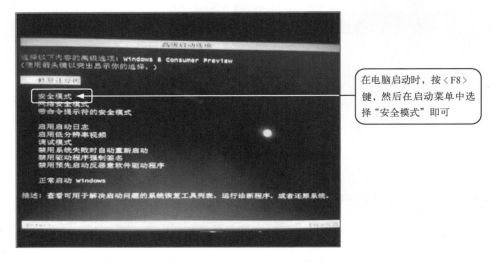

在电脑启动时，按〈F8〉键，然后在启动菜单中选择"安全模式"即可

图 14-9　Windows 7 安全模式

2. Windows 8/10 系统

用安全模式启动 Windows 8/10 系统的方法如图 14-10 所示。

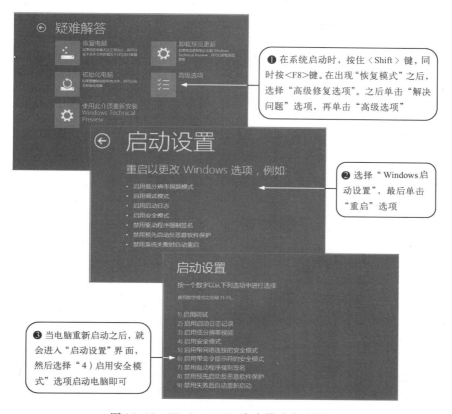

图 14-10　Windows 8/10 安全模式启动设置

14.2.2　任务 2：用"最后一次正确的配置"诊断故障

当 Windows 发生严重错误，导致系统无法正常运行时，可以使用"最后一次正确的配置"将电脑恢复到正常使用时的配置信息，这种方法可以恢复很多因为操作不当而引发的系统错误，方便且实用。

使用"最后一次正确的配置"诊断故障的方法如图 14-11 所示。

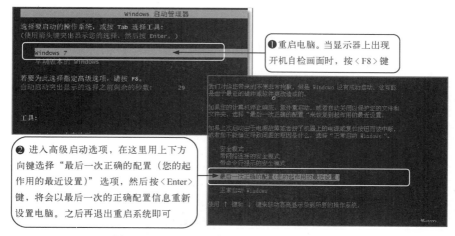

图 14-11　"最后一次正确的配置"诊断故障

使用"最后一次正确配置"的方法对注册信息丢失、Windows 设置错误、驱动设置错误等引起的系统错误有着很好的修复效果。

以上是以 Windows XP 为代表的 NT 核心 Windows 系统，Vista 核心的 Windows Vista 和 Windows 7/8/10 都具有较强的自我修复能力，在发生错误时多数情况下都能自我恢复，并正常启动 Windows。

14.2.3 任务 3：用 Windows 安装光盘恢复系统

如果 Windows 操作系统的文件被误操作删除或被病毒破坏，可以通过 Windows 安装光盘来修复损坏了的文件。

使用 Windows 安装光盘修复损坏文件的方法如图 14-12 所示。

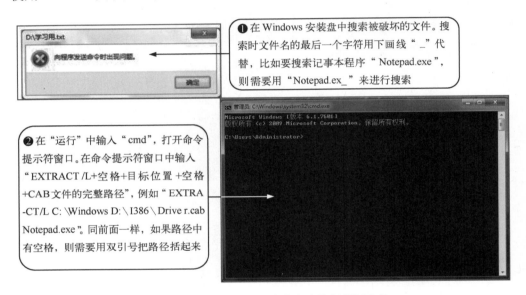

图 14-12 使用 Windows 安装光盘修复损坏文件

14.2.4 任务 4：全面修复受损文件

如果系统丢失了太多的重要系统文件，此时系统就会变得非常不稳定。按照前面介绍的方法进行修复就显得非常麻烦。这时可使用 SFC 文件检测器命令来全面地检测并修复受损的系统文件。具体修复方法如图 14-13 所示。

大约 10 分钟，SFC 就能够检测并修复好受保护的系统文件。

❶ 按〈Win+R〉组合键，打开"运行"对话框，然后输入"cmd"并单击"确定"按钮

❷ 在打开的命令提示符窗口中，输入"SFC /？"按〈Enter〉键，查看此命令的参数

❸ 输入"sfc /scannow"命令然后按〈Enter〉键。注意，sfc 后面有空格。这时 SFC 文件检测器将扫描所有受保护的系统文件，其间会提示用户插入 Windows 安装光盘

图 14-13　全面修复受损文件

14.2.5　任务 5：修复硬盘逻辑坏道

磁盘出现坏道会导致硬盘上的数据丢失，这是我们不愿意看到的。硬盘坏道分为物理坏道和逻辑坏道。物理坏道无法修复，但可以屏蔽一部分。逻辑坏道可以通过重新分区格式化来修复的。

使用 Windows 安装光盘中的分区格式化工具，对硬盘进行重新分区，不但可以修复磁盘的逻辑坏道，还可以自动屏蔽掉一些物理坏道。注意，分区格式化之前一定要做好备份工作。图 14-14 所示为安装 Windows 时的分区界面。

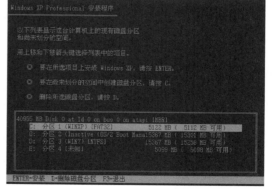

图 14-14　分区界面

14.3　高手经验总结

经验一：相比硬件故障来说，软件故障相对容易解决。如果找不到软件故障的原因，则重新安装软件或系统，问题即可解决（硬件问题造成的软件故障除外）。

经验二：安全模式是排除 Windows 系统故障非常好的手段，它可以解决大部分的系统故障。

经验三：硬件故障是电脑故障中比较难排除的故障，需要根据故障现象逐一排查，才可以准确找出故障原因。

经验四：造成硬件故障的原因是复杂的，因此在排查某个硬件设备故障时，最好按照诊断方法一一排查。

经验五：硬盘坏道通常会引起电脑中存储的文件无法读取，或系统文件无法读取导致系统问题，对于这种情况造成的系统故障，通常可以利用重新安装系统来检验是系统问题还是硬盘问题。

第15章

Windows系统启动与关机故障维修实战

学习目标

1. 掌握 Windows 系统无法启动故障的诊断方法
2. 掌握 Windows 系统关机故障诊断方法
3. 掌握 Windows 系统启动和关机故障维修实战

学习效果

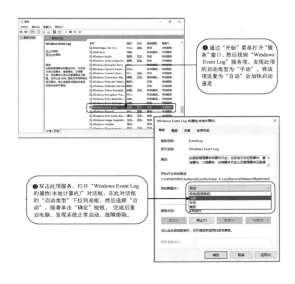

❶ 通过"开始"菜单打开"服务"窗口，然后找到"Windows Event Log"服务项，发现此项的启动类型为"手动"。将该项设置为"自动"会加快启动速度

❷ 双击此项服务，打开"Windows Event Log 的属性(本地计算机)"对话框，在此对话框的"启动类型"下拉列表框，然后选择"自动"，接着单击"确定"按钮，完成后重启电脑，发现系统正常启动，故障排除。

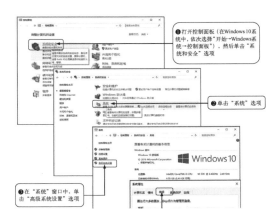

❶ 打开控制面板(在Windows 10系统中，依次选择"开始→Windows系统→控制面板")，然后单击"系统和安全"选项

❷ 单击"系统"选项

❸ 在"系统"窗口中，单击"高级系统设置"选项

你是否遇到过 Windows 系统不能正常启动或关机的情况？ Windows 系统启动和关机的过程是很复杂的，那么如何排除 Windows 系统启动和关机故障？ 本章将详细讲解。

15.1 知识储备

15.1.1 诊断 Windows 系统无法启动故障

Windows 系统无法启动故障是指电脑开机有自检画面，但进入 Windows 启动画面后，无法正常启动到 Windows 桌面的故障。

■ 问答 1：什么原因造成 Windows 系统无法启动？

Windows 系统启动故障又分为下列几种情况。

（1） 电脑开机自检时出错无法启动故障。

（2） 硬盘出错无法引导操作系统故障。

（3） 启动操作系统过程中出错无法正常启动到 Windows 桌面故障。

造成 Windows 系统无法启动故障的原因较多，主要包括以下几点。

（1） 系统文件损坏。

（2） 系统文件丢失。

（3） 系统感染病毒。

（4） 硬盘有坏扇区。

（5） 硬件不兼容。

（6） 硬件设备有冲突。

（7） 硬件驱动程序与系统不兼容。

（8） 硬件接触不良。

（9） 硬件有故障。

■ 问答 2：如何诊断 Windows 系统无法启动故障？

如果开机后电脑停止启动，并且出现错误提示，这时首先应弄清楚错误提示，根据错误提示检测相应硬件设备即可解决问题。

如果在自检完成后，开始从硬盘启动（即出现自检报告画面，但没有出现 Windows 启动画面）时，出现错误提示或电脑死机，此时故障一般与硬盘有关，所以首先进入 BIOS，检查硬盘的参数。如果 BIOS 中没有硬盘的参数，则是硬盘接触不良或硬盘损坏，这时应关闭电源，检查硬盘的数据线、电源线连接情况以及是否损坏，主板的硬盘接口是否损坏，硬盘是否损坏等。如果 BIOS 中可以检测到硬盘的参数，则故障可能是由硬盘的分区表损坏、主引导记录损坏、分区结束标志丢失等引起的，这时需要使用 NDD 等磁盘工具进行修复。

如果电脑已经开始启动 Windows 操作系统，但在启动的中途出现错误提示、死机或蓝屏等故障，这可能是由硬件或软件方面的原因引起的。对于此类故障应首先检查软件方面的原因，一般先在安全模式下启动电脑，修复一般性的系统故障。如果不能解决故障，可以采用恢复注册表恢复系统的方法修复系统。如果还不能解决故障，可以采用重新安装系统的方法排除软件方面的故障。如果重新安装系统后故障依旧，则说明该故障很可能是由硬件接触不良、不兼容、损坏等引起的，需要用替换法等方法排除硬件故障。

Windows 系统无法启动故障的维修方法如下。

（1）在电脑启动时，按〈Shift + F8〉键，接着在启动菜单中选择"安全模式"，用安全模式启动电脑，看能否正常启动。如果用安全模式启动时出现死机、蓝屏等故障，则转至（6）。

（2）如果能启动到安全模式，则造成启动故障的原因可能是硬件驱动程序与系统不兼容，或操作系统有问题，或感染了病毒等。接着在安全模式下运行杀毒软件查杀病毒。如果查出病毒，将病毒清除后重新启动电脑，看是否能正常运行。

（3）如果查杀病毒后系统还不能正常启动，则可能是病毒已经破坏了 Windows 系统的重要文件，此时需要重新安装操作系统才能解决问题。

（4）如果没有查出病毒，则可能是硬件设备驱动程序与系统不兼容引起的。接着将声卡、显卡、网卡等设备的驱动程序删除，然后再逐一安装驱动程序，每安装一个设备驱动程序就重新启动一次电脑，检查是哪个设备的驱动程序引起的故障。查出故障原因后，下载故障设备的最新版驱动程序，并重新安装即可解决故障。

（5）如果检查硬件设备的驱动程序后依旧不能排除故障，则 Windows 系统无法启动故障可能是操作系统损坏引起的。重新安装 Windows 操作系统即可排除故障。

（6）如果电脑不能从安全模式启动，则可能是 Windows 系统严重损坏或电脑硬件设备有兼容性问题。首先用 Windows 安装光盘重新安装操作系统，看是否可以正常安装，并正常启动。如果不能正常安装，则转至（10）。

（7）如果可以正常安装 Windows 操作系统，重新安装操作系统后，接着检查故障是否消失。如果故障消失，则是系统文件损坏引起的故障。

（8）如果重新安装操作系统后故障依旧，则故障可能是硬盘有坏道或设备驱动程序与系统不兼容等引起的。然后用安全模式启动电脑，如果不能启动，则是硬盘有坏道引起的故障。接着用 NDD 磁盘工具修复硬盘坏道即可。

（9）如果能启动到安全模式，但是电脑还存在设备驱动程序问题，那么接着按照（4）中的方法将声卡、显卡、网卡等设备的驱动程序删除，检查故障原因。查出来后，下载故障设备的最新版驱动程序，然后安装即可。

（10）如果安装操作系统时出现故障（如死机、蓝屏、重启等），导致无法安装系统，则应该是硬件有问题或硬件接触不良引起的。然后首先清理电脑中的灰尘，清洁内存、显卡等设备金手指，重新安装内存等设备，完成后再重新安装系统。如果能够正常安装，则是接触不良引起的故障。

（11）如果还是无法安装系统，则可能是硬件问题引起的故障。然后用替换法检查硬件故障，找到后更换硬件即可。

15.1.2　Windows 系统关机故障修复

Windows 系统关机故障是指在执行"关机"命令后，Windows 系统无法正常关机，在出现"Windows 正在关机"的提示后，系统停止反应。这时只好强行关闭电源，下一次开机时系统会自动运行磁盘检查程序，长此以往将会对系统造成一定的损害。

问答 1：Windows 系统是如何关机的？

Windows 系统在关机时有一个专门的关机程序，关机程序主要执行如下功能。

（1）完成所有磁盘写操作。

（2）清除磁盘缓存。

（3）执行关闭窗口程序关闭所有当前运行的程序。

（4）将所有保护模式的驱动程序转换成实模式。

以上 4 项任务是 Windows 系统关闭时必须执行的任务，这些任务不能随便省略，在每次关机时都必须完成上述工作。如果直接关机将导致一些系统文件损坏。

问答 2：什么原因造成 Windows 系统关机故障？

Windows 系统通常不会出现关机故障，只有在一些与关机相关的程序任务出现错误时才会导致系统不关机。

一般，引起 Windows 系统关机故障的原因主要如下所示。

（1）没有在实模式下为视频卡分配一个 IRQ。

（2）某一个程序或 TSR 程序可能没有正确地关闭。

（3）加载一个不兼容的、损坏的或冲突的设备驱动程序。

（4）选择的退出 Windows 时的声音文件损坏。

（5）不正确配置硬件或硬件损坏。

（6）BIOS 程序设置有问题。

（7）在 BIOS 中的"高级电源管理"或"高级配置和电源接口"的设置不正确。

（8）注册表中快速关机的键值设置为了"enabled"。

问答 3：如何诊断 Windows 系统不关机故障？

当 Windows 系统出现不关机故障时，首先要查找引起 Windows 系统不关机的原因，然后根据具体的故障原因采取相应的解决方法。

Windows 系统不关机故障的诊断方法如下。

1. 检查所有正在运行的程序

检查运行的程序，主要包括关闭任何在实模式下加载的 TSR 程序、关闭开机时从启动组自动启动的程序、关闭任何非系统引导必需的第三方设备驱动程序。

具体方法如下。

（1）按〈Win + R〉组合键打开"运行"对话框，然后在此对话框中输入"msconfig"。

（2）单击"确定"按钮，打开"系统配置"对话框，在此对话框中单击"启动"选项卡，然后选择不想开机启动的项目，取消勾选前面的复选框即可。

系统配置工具主要用来检查有哪些运行的程序，然后只加载最少的驱动程序，并在启动时不允许启动组中的任何程序进行系统引导，从而对系统进行干净引导。如果干净引导可以解决问题，则可以利用系统配置工具确定引起不能正常关机的程序。

2. 检查硬件配置

检查硬件配置主要包括检查 BIOS 的设置、BIOS 版本，将任何可能引起问题的硬件删除或使之失效。同时，向相关的硬件厂商索取升级的驱动程序。

检查电脑硬件配置的方法如下（以 Windows 8/10 为例）。

（1）进入"控制面板"，双击"系统"图标，接着单击窗口左侧的设备管理器，打开"设备管理器"窗口。

（2）在"设备管理器"窗口中单击"显示卡"选项前的"＞"，展开"显示卡"选项，接着双击此选项，打开属性对话框，单击"驱动程序"选项卡，然后单击"禁用设备"按钮，在弹出的对话框中单击"是"按钮，再单击"确定"按钮。

（3）使用上面的方法停用"显卡"、"软盘驱动器控制器"，"硬盘驱动器控制器"、"键盘"、"鼠标"、"网卡"、"端口"、"SCSI 控制器"、"声音、视频和游戏控制器"等设备。

（4）重新启动电脑，再测试故障是否消失。如果故障消失，那么再逐个启动上面的设备。启动方法是在"设备管理器"窗口中双击相应的设备选项，然后在打开的对话框中的"常规"选项卡中单击"设备用法"下拉按钮，选择"使用这个设备（启用）"选项，接着单击"确定"按钮。

（5）如果启用一个设备后故障没有出现，接着启用下一个设备。启用设备时，按照"COM 端口"、"硬盘控制器"、"软盘控制器"、"其他设备"的顺序逐个启用设备。

（6）在启用设备的同时，要检查设备有没有冲突。检查设备冲突的方法是在设备属性对话框中，单击"资源"选项卡，然后在"冲突设置列表"列表中，检查有无冲突的设备。如果没有冲突的设备，接着重新启动电脑。

（7）查看问题有没有解决，如果问题仍然没有解决，可以依次单击"开始→程序→附件→系统工具→系统信息"，然后单击"工具"菜单，单击"自动跳过驱动程序代理"选项，以启用所有被禁用设备的驱动程序。

如果通过上述步骤，确定了某一个硬件引起非正常关机问题，应与该设备的代理商联系，以更新驱动程序或固件。

15.2　实战：Windows 系统启动与关机故障维修

15.2.1　系统启动时在"Windows 正在启动"界面停留时间长

1. 故障现象

一台电脑启动时在"Windows 正在启动"界面长时间停留，启动很慢。

2. 故障诊断

一般，影响系统启动速度的原因是启动时的加载启动项比较多。如果电脑启动时加载了很多没必要的启动项，那么取消这些加载项的启动，就可以加快系统的启动速度。另外，长时间停留在"Windows 正在启动"界面通常是由于"Windows Event Log"服务有问题，因此，需要重点检查此项服务。

3. 故障处理

故障处理方法如图 15-1 所示。

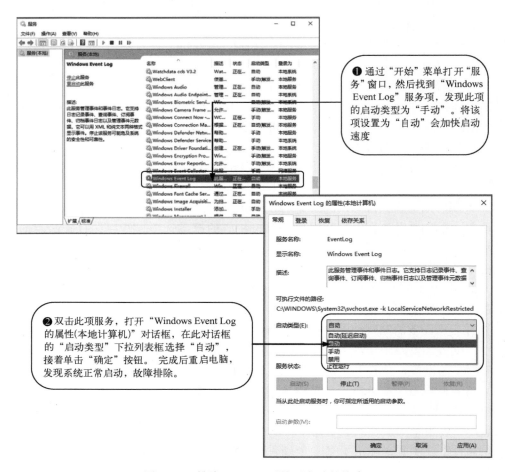

① 通过"开始"菜单打开"服务"窗口，然后找到"Windows Event Log"服务项，发现此项的启动类型为"手动"。将该项设置为"自动"会加快启动速度

② 双击此项服务，打开"Windows Event Log 的属性(本地计算机)"对话框，在此对话框的"启动类型"下拉列表框选择"自动"，接着单击"确定"按钮。完成后重启电脑，发现系统正常启动，故障排除。

图 15-1　排除 Windows 系统不启动的故障

15.2.2　Windows 系统关机后自动重启

1. 故障现象

用户的电脑每次关机时，电脑没有关闭反而又重新启动了。

2. 故障诊断

一般关机后电脑重新启动的故障是由系统设置的问题、高级电源管理不支持、电脑接有 USB 设备等引起的。

3. 故障处理

故障处理方法如图 15-2 所示。

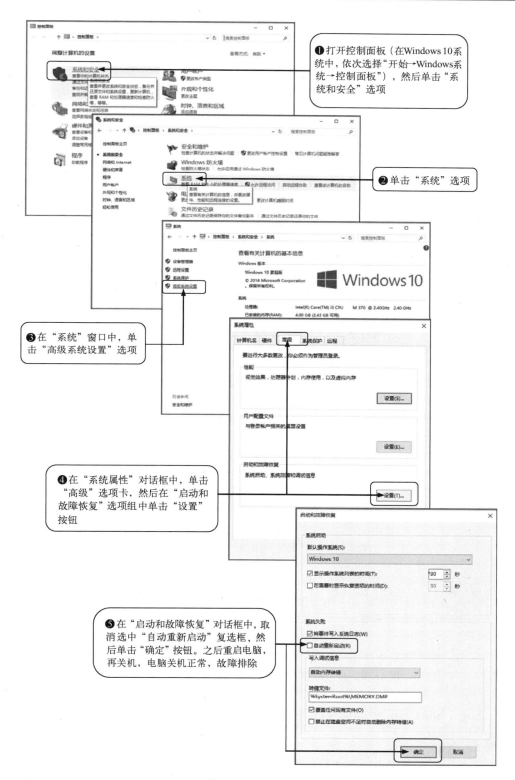

❶打开控制面板（在Windows 10系统中，依次选择"开始→Windows系统→控制面板"），然后单击"系统和安全"选项

❷单击"系统"选项

❸在"系统"窗口中，单击"高级系统设置"选项

❹在"系统属性"对话框中，单击"高级"选项卡，然后在"启动和故障恢复"选项组中单击"设置"按钮

❺在"启动和故障恢复"对话框中，取消选中"自动重新启动"复选框，然后单击"确定"按钮。之后重启电脑，再关机，电脑关机正常，故障排除

图 15-2　修复电脑关机后自动重启故障

15.2.3 电脑启动后进不了 Windows 系统

1. 故障现象

一台电脑之前使用正常，某天开机启动后不能正常进入操作系统。

2. 故障诊断

电脑启动后无法进入 Windows 系统主要是由系统文件损坏、注册表损坏、硬盘有坏道等引起的。这类故障一般可以用系统自带的修复功能来修复。

3. 故障处理

故障处理方法如图 15-3 所示。

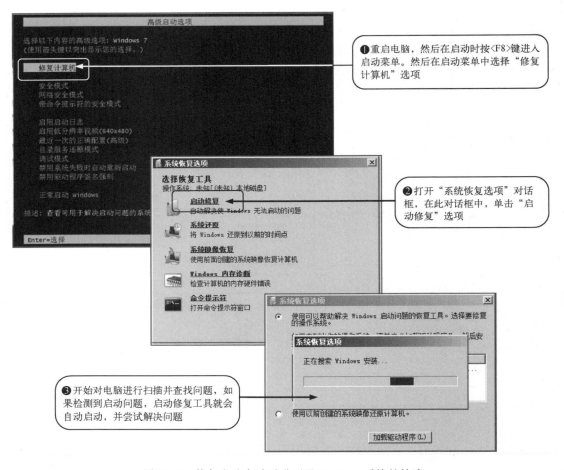

图 15-3 修复电脑启动后进不了 Windows 系统的故障

15.2.4 boot. ini 文件丢失导致 Windows 双系统无法启动

1. 故障现象

一台安装了双系统的电脑，无法启动。

2. 故障诊断

根据故障现象分析，双系统一般由 boot.ini 启动文件引导启动，因此估计该故障可能是启动文件损坏引起的。

3. 故障处理

（1）用 Windows PE 启动 U 盘启动电脑，然后检查 C 盘下面的 boot.ini 文件，发现文件丢失。

（2）在 C 盘新建一个记事本文件，并在记事本里输入如图 15-4 所示的内容。

图 15-4　boot.ini 文件内容

（3）将它保存为名字是 boot.ini 的文件，然后重启电脑，系统启动正常，故障排除。

15.2.5　系统提示"Explorer.exe"错误

1. 故障现象

一台电脑，在装完常用的应用软件并正常运行了几个小时后，无论运行哪个程序都会提示，所运行的程序需要关闭，并不断提示"Explorer.exe"错误。

2. 故障诊断

因为这个故障是在安装应用软件以后出现的，所以故障应该是所安装的应用软件与操作系统有冲突造成的。

3. 故障处理

将应用软件逐个卸载，卸载一个就重新启动一遍电脑进行测试。当卸载完某软件后发现故障消失，看来是该软件与系统有冲突。

15.2.6　电脑启动时提示"kvsrvxp.exe 应用程序错误"

1. 故障现象

一台电脑，启动时自动弹出一个窗口，提示"kvsrvxp.exe 应用程序错误。0x3f00d8d3 指令引用的 0x0000001c 内存，该内存不能为 read"。

2. 故障诊断

由于 kvsrvxp.exe 为江民杀毒软件的进程，根据提示分析，可能是在安装江民杀毒软件的时候出了问题。

3. 故障处理

（1）按〈Win + R〉组合键，打开"运行"对话框，输入"msconfig"，然后单击"确定"按钮，打开"系统配置实用程序"对话框。

（2）单击"启动"选项卡，并在启动项目中将含有"kvsrvxp.exe"的选项取消勾选即可。

15.2.7 玩游戏时出现内存不足

1. 故障现象

一台双核电脑，内存为2 GB，玩游戏时出现内存不足故障，之后系统会跳回到桌面。

2. 故障诊断

根据故障现象分析，造成此故障的原因主要有以下几点。

（1）电脑同时打开的程序窗口太多。

（2）系统中的虚拟内存设置太小。

（3）系统盘中的剩余容量太小。

（4）内存容量太小。

3. 故障处理

（1）将不用的程序窗口关闭，然后重新运行游戏，故障依旧。

（2）检查系统盘中剩余的磁盘容量，发现系统盘中还有5 GB的剩余容量。

（3）选择"控制面板→系统"，单击"系统"对话框中的"高级"选项卡，接着单击"性能"选项组中的"设置"按钮。

（4）在打开的"系统选项"对话框中单击"高级"选项卡，然后查看"虚拟内存"文本框中的虚拟内存值，发现虚拟内存值太小。

（5）单击"虚拟内存"选项组中的"更改"按钮，打开"虚拟内存"对话框，然后在"虚拟内存"对话框中增大虚拟内存。进行测试，故障排除。

15.2.8 无法卸载游戏程序

1. 故障现象

一台联想品牌电脑，从"添加/删除程序"选项中卸载一个游戏程序。但执行卸载程序后，发现游戏的选项依然在"开始"菜单中，无法删除。

2. 故障诊断

根据故障现象分析，造成此故障的原因主要以下几点。

（1）注册表问题。

（2）系统问题。

（3）游戏软件问题。

3. 故障处理

根据故障现象分析，此故障应该是恶意网站更改了系统注册表引起的。因此，可以通过修改注册表来修复。在"运行"对话框中输入"regedit"并按〈Enter〉键，打开"注册表编辑器"窗口。依次展开"HKEY_LOCAL_MACHINE \ Software \ Microsoft \ Windows \ CurrentVersion \ Uninstall"子键，然后将子键下游戏的注册文件删除。之后重启电脑，故障排除。

15.2.9 双核电脑无法正常启动系统，不断自动重启

1. 故障现象

一台主板为升技的电脑，安装的操作系统是Windows XP。在电脑启动时出现启动画面

后不久，电脑就自动重启，并不断循环往复。

2. 故障诊断

经过了解，电脑以前一直正常使用，但在故障出现前关闭电脑时，在系统还没有关闭的情况下突然断电，第二天启动电脑时就出现不断重启的故障。

由于电脑以前一直正常使用，基本可以判断，故障不是由于硬件兼容性问题引起的。根据故障现象分析，造成此故障的原因可能有以下几个方面。

（1）系统文件损坏。

（2）感染病毒。

（3）硬盘损坏。

3. 故障处理

由于电脑是在非正常关机后出现故障的，因此在检查时应首先排除系统文件损坏因素。具体检修步骤如下。

（1）尝试恢复系统。用操作系统安装光盘启动电脑，当出现"欢迎使用安装程序"界面后按〈R〉键进入"故障恢复控制台"。

（2）根据电脑提示进行操作，在故障恢复控制台菜单中选择登录的操作系统。

（3）选择后系统会提示输入管理员密码，输入管理员密码后就会进入故障恢复控制台提示界面。

（4）在提示画面中输入"chkdsk /r"，然后按〈Enter〉键开始修复系统，修复完成后输入"Exit"命令退出。

（5）退出后，重新启动电脑，进行测试，发现启动正常，故障排除。

15. 2. 10　提示"DISK BOOT FAILURE，INSERT SYSTEM DISK"错误，无法启动电脑

1. 故障现象

一台 Intel 酷睿 i5 电脑，开机启动电脑时，出现"DISK BOOT FAILURE，INSERT SYS-TEM DISK"错误提示，无法正常启动电脑。

2. 故障诊断

经过了解，电脑以前使用正常，在故障出现前，用户在主机中连接了第二块硬盘。此外，主机中的原装硬盘为 SATA 接口，而第二块硬盘为 IDE 接口。由于电脑是在接入第二块硬盘后出现故障的，故怀疑此故障与硬盘有关。造成此故障的原因主要有以下几点。

（1）硬盘冲突。

（2）硬盘数据线有问题。

（3）硬盘损坏。

（4）系统文件损坏。

（5）硬盘主引导记录损坏。

（6）感染病毒。

3. 故障处理

由于电脑以前工作正常，在安装第二块硬盘后才出现故障，因此应首先检测硬盘方面的

原因。此故障的检修步骤如下。

（1）关闭电脑的电源，然后打开机箱检查电脑中的硬盘连接情况，发现硬盘连接正常。

（2）将第二块硬盘取下，在只接原装硬盘的情况下开机测试，发现电脑启动正常。看来系统文件没有问题。

（3）将第二块硬盘接入电脑，连接时将硬盘单独接在一个 IDE 接口中，然后开机测试，发现故障又重现。

（4）重启电脑，然后进入 BIOS 程序查看硬盘的参数。发现 BIOS 中可以检测到两个硬盘，而且参数正常。因此，判断第二块硬盘应该没有问题。

（5）根据故障提示，怀疑电脑启动时从第二块硬盘引导了系统，从而导致无法启动。在 BIOS 中将电脑的启动顺序设为从 SATA 硬盘启动。接着重启电脑进行测试，发现启动正常，而且两个硬盘均能正常访问，故障排除，看来该故障是启动时选择错了硬盘引起的。

15.3 高手经验总结

经验一：Windows 系统无法启动。一般都是由系统文件损坏引起的，因此遇到此类故障最好先在安全模式中进行修复。如果修复不好，再考虑其他方法。

经验二：电源故障通常是造成电脑不断重启的原因之一，如果遇到电脑不断重启，在排除软件方面的故障后，可以重点检查一下 ATX 电源的输出电压。

经验三：电脑启动后出现错误提示，通常这说明电脑系统存在问题，或内存等设备与电脑存在兼容性问题。

第**16**章

电脑死机和蓝屏故障维修实战

学习目标

1. 掌握电脑死机故障的诊断方法
2. 掌握电脑蓝屏故障的诊断方法
3. 电脑死机和蓝屏故障维修实战

学习效果

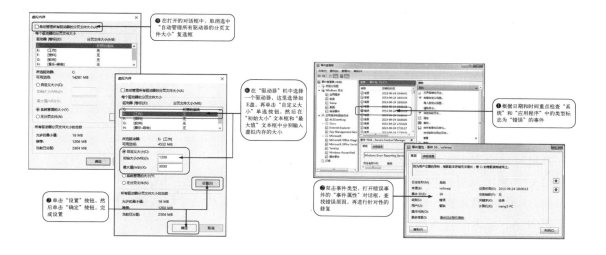

　　我想很多电脑用户都遇到过这样的事情，上网浏览网页或者使用 QQ 聊天时电脑莫名其妙地突然卡住不动了，之后不管点什么按什么系统都没有反应，要不就蓝屏。如果这时用户正在做非常重要的事情，一定非常着急。如果电脑经常出现这样的情况，用户一定快要发疯了。本章将重点讲解遇到这样的情况时该如何来处理。

16.1　知识储备

16.1.1　诊断电脑死机故障

问答1：电脑死机时有哪些表现？

　　电脑死机是令人颇为烦恼的事情，因为电脑突然死机常常使劳动成果付之东流。死机时的故障表现有蓝屏、无法启动系统、画面"定格"无反应、键盘无法输入、软件运行非正常中断、鼠标停止不动等。

问答2：如何诊断开机过程中发生的死机故障？

　　在启动计算机时，死机故障一般表现为只听到硬盘自检声，但是看不到屏幕显示，或者开机自检时发出报警声。此外，计算机不工作或在开机自检时会出现错误提示等。

　　此时出现死机的原因主要有以下几点。

　　（1）BIOS 设置不当。

　　（2）电脑移动时设备遭受震动。

　　（3）灰尘腐蚀电路及接口。

　　（4）内存条故障。

　　（5）CPU 超频。

　　（6）硬件兼容问题。

　　（7）硬件设备质量问题。

　　（8）BIOS 升级失败。

　　开机过程中发生死机的解决方法如下。

　　（1）如果电脑是在移动之后发生死机的，那么可以初步判断电脑在移动过程中受到很大振动，引起电脑死机，因为移动造成电脑内部器件松动，从而导致接触不良。这时打开机箱，把内存、显卡等设备加固即可。

　　（2）如果电脑是在设置 BIOS 之后发生死机的，那么将 BIOS 的设置改回来。如忘记了先前的设置项，可以选择 BIOS 中的"载入标准预设值"恢复即可。

　　（3）如果电脑是在 CPU 超频之后死机的，那么可以初步判断为 CPU 超频引起电脑死机，因为超频加剧了在内存或虚拟内存中找不到所需数据的矛盾，从而造成死机。此时将CPU 频率恢复即可。

　　（4）在屏幕提示"无效的启动盘"，则可能是系统文件丢失或损坏、硬盘分区表损坏等引起的，此时修复系统文件或恢复分区表即可。

　　（5）如果不是上述问题，那么就检查机箱内是否干净，设备连接有无松动。因为灰尘腐蚀电路及接口，会造成设备间接触不良，从而引起死机。此时清理灰尘及设备接口，重插设备，故障即可排除。

（6）如果故障依旧，那么可以使用替换法来排除硬件兼容性问题和设备质量问题。

问答 3：如何诊断启动操作系统时发生的死机故障？

电脑通过自检，开始装入操作系统时或刚刚启动到桌面时，计算机出现死机。

此时死机的原因主要有以下几点。

（1）系统文件丢失或损坏。

（2）感染病毒。

（3）初始化文件遭破坏。

（5）非正常关闭计算机。

（6）硬盘有坏道。

启动操作系统时发生死机的解决方法如下。

（1）如启动时提示系统文件找不见，则可能是系统文件丢失或损坏。此时从其他相同操作系统的电脑中复制丢失的文件到故障电脑中即可。

（2）如启动时出现蓝屏，提示系统无法找到指定文件，则为硬盘坏道导致系统文件无法读取所致。此时用启动盘启动电脑，运行 Scandisk 磁盘扫描程序，检测并修复硬盘坏道即可。

（3）如没有上述故障，首先用杀毒软件查杀病毒，再重新启动电脑，看电脑是否正常。

（4）如还死机，用"安全模式"下启动系统，然后再重新启动，看是否死机。

（5）如依然死机，通过恢复 Windows 注册表来解决。若系统不能启动，则用启动盘启动。

（6）如还死机，打开"运行"对话框，输入"sfc"并按〈Enter〉键，启动"系统文件检查器"，开始检查。如查出错误，屏幕会提示损坏文件的名称和路径，接着插入系统光盘，选择"还原文件"修复被损坏或丢失的文件。

（7）如依然死机，则只能重新安装操作系统。

问答 4：如何诊断使用应用程序过程中发生的死机故障？

计算机一般情况下都运行良好，但是在执行某些应用程序或游戏时会出现死机。

此时死机的原因主要有以下几点。

（1）病毒感染。

（2）动态链接库文件（.DLL）丢失。

（3）硬盘剩余空间太少或碎片太多。

（4）软件升级不当。

（5）非法卸载软件或误操作。

（6）启动程序太多。

（7）硬件资源冲突。

（8）CPU 等设备散热不良。

（9）电压不稳。

使用应用程序过程中发生死机的解决方法如下。

（1）用杀毒软件查杀病毒，再重新启动电脑。

（2）看是否打开的程序太多，若是，关闭暂时不用的程序。

（3）看是否升级了软件，若是，将软件卸载再重新安装即可。

（4）看是否非法卸载软件或误操作，若是，恢复 Windows 注册表，尝试恢复损坏的共享文件。

（5）查看硬盘空间是否太少，若是，请删掉不用的文件，并进行磁盘碎片整理。

（6）查看死机有无规律，若电脑总是在运行一段时间后死机或运行大的游戏软件时死机，则可能是 CPU 等设备散热不良引起。打开机箱，查看 CPU 的风扇是否转，风力如何，如风力不足，则及时更换风扇，改善散热环境。

（7）用硬件测试工具软件测试电脑，检查是否由于硬件的品质不好造成的死机，如是，则更换硬件设备。

（8）打开"控制面板→系统→硬件→设备管理器"，查看硬件设备有无冲突。冲突设备一般用黄色的"！"号标出。如有，则将其删除，然后重新启动电脑即可。

（9）查看所用市电是否稳定，如不稳定，则配置稳压器即可。

问答 5：如何诊断关机时出现的死机故障？

在关闭操作系统时，电脑死机，或者执行关机命令后电脑没有反应，无法完成关机。

在退出操作系统时出现死机。Windows 的关机过程为：先完成所有磁盘写操作，清除磁盘缓存；接着执行关闭窗口程序，关闭所有当前运行的程序，将所有保护模式的驱动程序转换成实模式；最后退出系统，关闭电源。

此时死机的原因主要有以下几点。

（1）选择退出 Windows 时的声音文件损坏。

（2）BIOS 的设置不兼容。

（3）BIOS 中"高级电源管理"的设置不适当。

（4）没有在实模式下为视频卡分配一个 IRQ。

（5）某一个程序或 TSR 程序可能没有正确关闭。

（6）加载了一个不兼容的、损坏的或冲突的设备驱动程序。

关机时出现死机的解决方法如下。

（1）确定退出 Windows 的声音文件是否已毁坏，单击"开始→设置→控制面板"，然后双击"声音和音频设备"。在"声音"选项卡中的"程序事件"列表框中，单击"退出 Windows"选项。在"声音"下拉列表框中，选择"（无）"，然后单击"确定"按钮，接着关闭计算机。如果 Windows 正常关闭，则问题是由退出声音文件毁坏所引起的。

（2）在 BIOS 设置程序中，重点检查 CPU 外频、电源管理、病毒检测、IRQ 中断、磁盘启动顺序等选项的设置是否正确。具体设置方法可参看主板说明书，其上面有很详细的设置说明。如果对主板的设置实在是不太懂，建议将 BIOS 恢复到出厂默认设置即可。

（3）如还不行，接着检查硬件不兼容问题或驱动不兼容问题。

16.1.2　诊断电脑蓝屏故障

问答 1：什么是电脑蓝屏？

蓝屏是指由于某些原因（例如，硬件冲突、硬件产生问题、注册表错误、虚拟内存不足、动态链接库文件丢失、资源耗尽等）导致驱动程序或应用程序出现严重错误，波及内核层而显示的蓝色屏幕。在这种情况下，Windows 会中止系统运行，并启动名为"KeBug-

Check"的功能。通过检查所有中断的处理进程，同预设的停止代码和参数比较后，屏幕将变为蓝色，并显示相应的错误信息和故障提示，这样的现象就是电脑蓝屏。

出现蓝屏时，出错的程序只能非正常退出，有时即使退出该程序也会导致系统越来越不稳定，有时则在蓝屏后死机，所以蓝屏人见人怕。而且产生蓝屏的原因是多方面的，软、硬件的问题都有可能，排查起来非常麻烦。图 16-1 所示为电脑蓝屏界面。

```
A problem has been detected and windows has been shut down to prevent damage
to your computer.

IRQL_NOT_LESS_OR_EQUAL

If this is the first time you've seen this stop error screen,
restart your computer. If this screen appears again, follow
these steps:

Check to make sure any new hardware or software is properly installed.
If this is a new installation, ask your hardware or software manufacturer
for any windows updates you might need.

If problems continue, disable or remove any newly installed hardware
or software. Disable BIOS memory options such as caching or shadowing.
If you need to use Safe Mode to remove or disable components, restart
your computer, press F8 to select Advanced startup options, and then
select Safe Mode.

Technical information:

*** STOP: 0x0000000A (0x00000016,0x0000001C,0x00000000,0x80503F10)
```

图 16-1　电脑蓝屏界面

问答 2：如何修复蓝屏故障？

当出现蓝屏故障时，若不知道故障原因，则首先重启电脑，接着按下面的步骤进行维修。

（1）用杀毒软件查杀病毒，排除病毒造成的蓝屏故障。

（2）在 Windows 系统中，打开"开始→Windows 管理工具→事件查看器"，然后单击"Windows 日志"前面的小三角，展开此选项。接着根据日期和时间重点检查"系统"和"应用程序"中级别为"错误"的事件，双击事件类型，打开错误事件的"事件属性"对话框，查找错误原因后再进行针对性的修复，如图 16-2 所示。

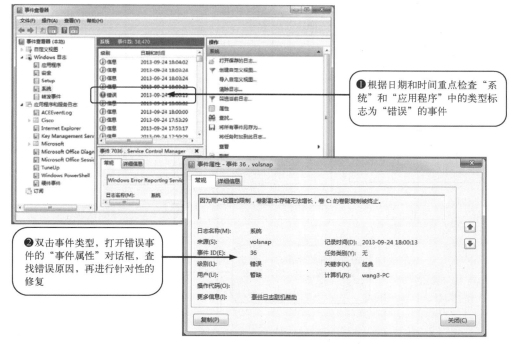

❶根据日期和时间重点检查"系统"和"应用程序"中的类型标志为"错误"的事件

❷双击事件类型，打开错误事件的"事件属性"对话框，查找错误原因，再进行针对性的修复

图 16-2　事件属性

（3）在"安全模式"中启动或恢复 Windows 注册表，恢复至最后一次正确的配置，从而来修复蓝屏故障。

■ **问答 3：如何诊断虚拟内存不足造成的蓝屏故障？**

如果蓝屏故障是由虚拟内存不足造成的，可以按照以下的方法进行解决。

（1）删除一些系统产生的临时文件、交换文件，释放硬盘空间。

（2）手动配置虚拟内存，把虚拟内存的默认地址转到其他的逻辑盘下。

具体方法如图 16-3 所示。

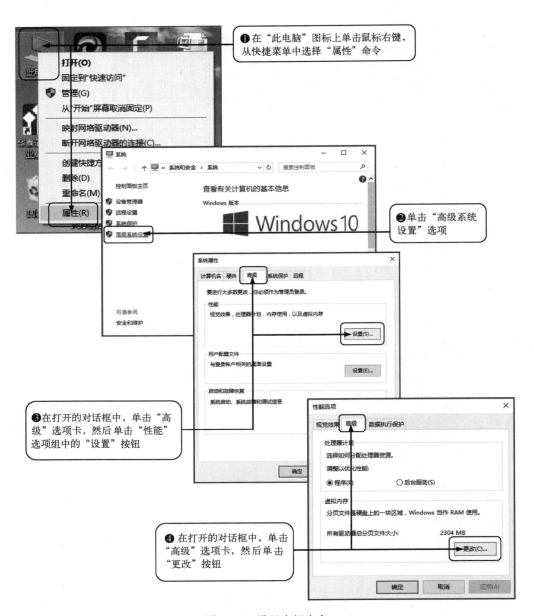

图 16-3　设置虚拟内存

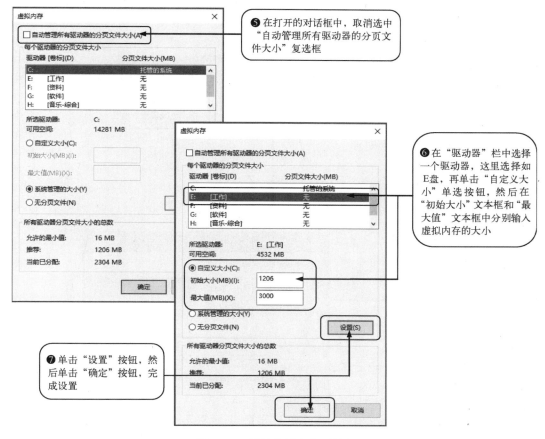

图 16-3　设置虚拟内存（续）

问答 4：如何诊断超频导致蓝屏的故障？

如果电脑是在 CPU 超频或显卡超频后出现蓝屏的，则可能是超频引起的蓝屏故障。这时可以采取以下方法修复蓝屏故障。

（1）恢复 CPU 或显卡的工作频率。一般将 BIOS 中的 CPU 或显卡的工作频率恢复到初始状态即可。

（2）如果还想继续超频工作，可以为 CPU 或显卡安装一个大的散热风扇，再多加一些硅胶之类的散热材料，降低 CPU 工作温度。同时稍微调高 CPU 工作电压，一般调高 0.05 V 即可。

问答 5：如何诊断系统硬件冲突导致的蓝屏故障？

系统硬件冲突通常会导致冲突设备无法使用或引起电脑死机蓝屏故障。这是由系统在调用硬件设备时发生错误引起的蓝屏故障。这种蓝屏故障的解决方法如下。

（1）排除电脑硬件冲突问题，依次单击"控制面板→系统→设备管理"，打开"设备管理器"窗口，接着检查是否存在带有黄色问号或感叹号的设备。

（2）如有带黄色感叹号的设备，接着先将其删除，并重新启动电脑，然后由 Windows 自动调整，一般即可以解决问题。

（3）如果 Windows 自动调整后还是不行，接着可手工进行调整或升级相应的驱动程序。图 16-4 为调整冲突设备的中断。

图 16-4　调整冲突设备

问答 6：如何诊断注册表问题导致的蓝屏故障？

注册表保存着 Windows 的硬件配置、应用程序设置和用户资料等重要数据，如果注册表出现错误或被损坏，通常会导致蓝屏故障发生。这种蓝屏故障的解决方法如下。

（1）用安全模式启动电脑，之后再重新启动到正常模式，一般故障即会解决。

（2）如果故障依旧，接着用备份的正确的注册表文件恢复系统的注册表即可解决蓝屏故障。

（3）如果还是不行，就只能重新安装操作系统。

16.2 实战：电脑死机和蓝屏典型故障维修

16.2.1 硬件升级后的电脑，安装操作系统时死机

1. 故障现象

一台经过硬件升级的电脑，在安装 Windows 10 操作系统的过程中，出现死机故障，无

法继续安装。

2. 故障分析

根据故障现象分析，此故障应该是硬件方面的原因引起的。造成此故障的原因主要有以下几点。

（1）内存与主板不兼容。

（2）显卡与主板不兼容。

（3）硬盘与主板不兼容。

（4）主板有问题。

（5）ATX 电源供电电压太低。

3. 故障处理

由于在安装操作系统时死机，因此是硬件引起的故障，具体检修步骤如下。

打开机箱，拆下升级的显卡，更换为原来的显卡，然后重新安装系统。发现顺利完成安装，看来是显卡与主板不兼容引起的故障。更换显卡后，故障排除。

16.2.2　电脑总是无规律地死机，使用不正常

1. 故障现象

一台安装了 Windows 10 操作系统的双核电脑，最近出现没有规律的死机，一天多次出现死机故障。

2. 故障分析

造成死机故障的原因非常多，有软件方面的，有硬件方面的。造成此故障的原因主要包括以下几点。

（1）感染病毒。

（2）内存、显卡、主板等硬件不兼容。

（3）电源工作不稳定。

（4）BIOS 设置有问题。

（5）系统文件损坏。

（6）注册表有问题。

（7）程序与系统不兼容。

（8）程序有问题。

（9）硬件冲突。

3. 故障处理

由于是无规律的死机，因此应首先检查软件方面，然后检查硬件方面。具体检修方法如下。

（1）卸载怀疑的软件，然后进行测试。发现故障依旧。

（2）重新安装操作系统，安装过程正常，但安装后测试，故障依旧。

（3）怀疑硬件设备有问题，因为安装操作系统时没有出现兼容性问题，因此首先检查电脑的供电电压。启动电脑进入 BIOS 程序，检查 BIOS 中的电源的电压输出情况，发现电源的输出电压不稳定，5V 电压偏低，更换电源后测试，故障排除。

16.2.3　新装双核电脑拷机时硬盘发出异响并出现蓝屏

1. 故障现象

一台装了 Windows 8 操作系统的新组装电脑，开始进行拷机测试。测试一段时间后发现硬盘发出了停转又起转的声音，然后电脑出现蓝屏。

2. 故障分析

根据故障现象分析，这应该是硬件原因引起的故障，造成此故障的原因主要包括以下几点。

（1）硬盘不兼容。

（2）内存有问题。

（3）显卡有问题。

（4）主板有问题。

（5）CPU 有问题。

（6）ATX 电源有问题。

3. 故障处理

由于电脑出现故障时，硬盘发出异常的声音，因此应首先检查硬盘。此故障的检修方法如下。

（1）用一块好的硬盘接到故障电脑中，重新安装系统进行测试。

（2）经过测试发现故障消失，看来原来的硬盘有问题。

（3）将故障电脑的硬盘安装到另一台电脑中测试，未出现上面的故障现象，看来是故障机的硬盘与主板的不兼容造成的故障。更换硬盘后故障排除。

16.2.4　电脑看电影、处理照片正常，但玩游戏时死机

1. 故障现象

一台酷睿双核电脑，平时使用时基本正常。看电影、处理照片都没出现过死机，但只要一玩 3D 游戏就容易死机。

2. 故障分析

根据故障现象分析，造成死机故障的原因可能是软件方面的，也可能是硬件方面的。由于电脑只有在玩 3D 游戏时才出现死机故障，因此应重点检查与游戏关系密切的显卡。造成此故障的原因主要包括以下几点。

（1）显卡驱动程序有问题。

（2）BIOS 程序有问题。

（3）显卡有质量缺陷。

（4）游戏软件有问题。

（5）操作系统有问题。

3. 故障处理

此故障可能与显卡有关系，在检测时应先检测软件方面的原因，再检测硬件方面的原因。此故障的检修方法如下。

（1）更新显卡的驱动程序，从网上下载最新版的驱动程序，并安装。

（2）用游戏进行测试，发现没有出现死机故障。看来是显卡驱动程序与系统不兼容引起的死机。安装新的驱动程序后，故障排除。

16.2.5　电脑上网时死机，不上网时运行正常

1. 故障现象

一台联想电脑，不上网时使用正常，但一上网打开网页，电脑就会死机。打开 Windows 任务管理器发现 CPU 的使用率为100%。如果将 IE 浏览器结束任务，电脑又可恢复正常。

2. 故障分析

根据故障现象分析，此死机故障应该是软件方面的原因引起的。造成此故障的原因主要有以下几点。

（1）IE 浏览器损坏。

（2）系统有问题。

（3）网卡与主板接触不良。

（4）Modem 有问题。

（5）网线有问题。

（6）感染木马病毒。

3. 故障处理

对于此类故障应重点检查与网络有关的软件和硬件。此故障的检修方法如下。

（1）用最新版的杀毒软件查杀病毒，未发现病毒。

（2）将电脑连接互联网，然后运行 QQ 软件，运行正常，未发现死机。看来网卡、MODEM、网线等应该正常。

（3）怀疑 IE 浏览器有问题，接着安装 Netcaptor 浏览器并运行，发现故障消失。看来故障与 IE 浏览器有关。接着将 IE 浏览器删除，然后重新安装最新版 IE 浏览器后，进行测试，故障消失。

16.2.6　电脑最近总是出现随机性的死机

1. 故障现象

一台安装了 Windows 10 系统的双核电脑，以前一直很正常，最近总是出现随机性的死机。

2. 故障分析

经了解，在电脑出现故障前，用户没有打开过机箱，没有设置过硬件。由于电脑以前使用一直正常，而且没有更换或拆卸过硬件设备，因此硬件存在兼容性问题的可能性较小。造成此故障的原因主要包括以下几点。

（1）CPU 散热不良。

（2）灰尘问题。

（3）系统损坏。

（4）感染病毒。

（5）电源问题。

3. 故障处理

对于此类故障应首先排查软件方面的原因，再排查硬件的原因。此故障的检修方法如下。

（1）用最新版杀毒软件查杀病毒，未检测到病毒。

（2）打开机箱检查 CPU 风扇，发现 CPU 风扇的转速非常低，开机几分钟后，CPU 散热片上的温度有些烫手，看来是散热不良引起的死机故障。

（3）更换 CPU 风扇后开机测试，故障排除。

16.2.7　电脑开机启动过程中蓝屏

1. 故障现象

一台品牌电脑，开机启动时出现蓝屏故障，提示如下。

"IRQL_NOT_LESS_OR_EQUAL

＊＊＊STOP：0x0000000A（0x0000024B，OX00000002，OX00000000，OX804DCC95）"

2. 故障分析

根据蓝屏错误代码分析，"0x0000000A"是由存储器引起的故障，而 0x00000024 则是由于 NTFS. SYS 文件出现错误引起。这个驱动文件的作用是允许系统读写使用 NTFS 文件系统的磁盘，所以此蓝屏故障可能是硬盘本身存在物理损坏而引起的。

3. 故障处理

对于此故障需要先修复硬盘的坏道，再修复系统故障。此故障的检修方法如下。

（1）用系统光盘启动电脑，在进入安装画面后，按〈R〉键，接着选择"1"，再输入安装时输入的密码，进入了 Windows 提示符下。

（2）直接输入"chkdsk C：\r"命令，并按〈Enter〉键对磁盘进行检测，检测硬盘的坏扇区，找到后选择恢复可读取的信息。完成后，输入"exit"并按〈Enter〉键退出。

（3）重启电脑，然后开机测试，故障消失。

16.2.8　玩游戏时出现"虚拟内存不足"错误提示

1. 故障现象

一台双核电脑，在玩魔兽游戏时，突然出现"虚拟内存不足"的错误提示，无法继续玩游戏。

2. 故障分析

虚拟内存不足故障一般是由软件方面的原因（如虚拟内存设置不当）和硬件方面的原因（如内存容量太少）引起的。造成此故障的原因主要有以下几点。

（1）C 盘中的可用空间太小。

（2）同时打开的程序太多。

（3）系统中的虚拟内存设得太少。

（4）内存的容量太小。

（5）感染病毒。

3. 故障处理

对于此故障应首先检查软件方面的原因，然后检查硬件方面的原因。此故障的检修方法如下。

（1）关闭不用的应用程序、游戏等窗口，然后进行检测，发现故障依旧。

（2）检查 C 盘的可用空间，看其是否足够大。运行 Windows 10 系统建议不要少于 1 GB 的可用空间。C 盘的可用空间为 15 GB，够用。

（3）重启电脑，然后在运行出现内存不足故障的软件游戏，再进行检测。发现过一会还出现同样的故障。

（4）怀疑系统虚拟内存设置太少，在"控制面板"窗口中双击"系统"，再在"系统"窗口中单击"高级系统设置"选项，然后在"系统属性"对话框的"高级"选项卡中，单击"性能"选项组中的"设置"按钮，打开"性能选项"对话框，在"高级"选项卡中单击"虚拟内存"选项组中的"更改"按钮，将虚拟内存大小设为 5 GB。

（5）重新启动电脑，然后进行测试，发现故障消失，看来是电脑的虚拟内存太小引起的故障，将虚拟内存设置大一些后，故障排除。

16.3　高手经验总结

经验一：电脑死机可能由系统文件损坏引起，也可能由硬件不兼容引起。排查故障时，一般先排除软件方面的故障，再排除硬件方面的故障。

经验二：当电脑出现蓝屏故障时，可以先重启电脑，用安全模式进行错误修复。如果故障未排除，应先怀疑由于系统问题引起的故障，先排除系统方面的原因，再考虑硬件方面的原因。

经验三：死机和蓝屏故障有时候是同时出现的，造成的两种故障的原因可能是同一个，也可能不是同一个。排除故障时，可以先按照死机故障来排除，也可以先按照蓝屏故障来排除。

第**17**章

Windows系统错误故障维修实战

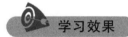
学习目标

1. 了解 Windows 系统恢复
2. 掌握 Windows 系统文件的恢复方法
3. Windows 系统错误故障维修实战

学习效果

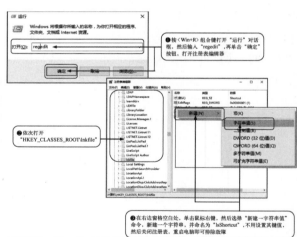

你是否有过这样一个经历，正愉快使用电脑，突然出现一个莫名其妙的错误提示。这样一个故障不但毁了你的程序，还毁了你的好心情？这一章就来详细讲解 Windows 系统错误故障的恢复，学完以后，用户再也不用担心电脑崩溃了。

17.1　知识储备

以 Vista 为核心的 Windows Vista 和 Windows 7/8/10 都具有较强的自我修复能力，并且 Windows 安装光盘中自带修复工具的功能很强大，所以当系统出现错误后，系统可以自动进行修复。

17.1.1　Windows 系统恢复综述

在使用 Windows 的过程中，系统报错或意外终止的情况是经常发生的。当发生不可挽回的故障时，除了重装 Windows 系统外，还有没有其他方法将系统恢复到正常状态？

系统恢复和系统备份可以让你在系统发生故障的时候坦然地面对这一切。这里首先区别几个容易混淆的概念，即系统恢复、系统备份、Ghost 备份。

问答 1：什么是 Windows 系统错误？

在使用 Windows 的过程中，由人为操作失误或恶意程序破坏等造成 Windows 相关文件受损或注册信息错误，这时系统会出现错误提示对话框，如图 17-1 所示。

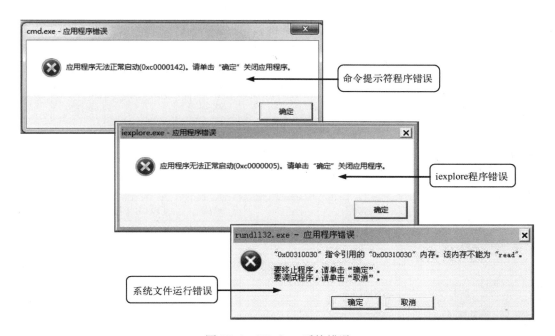

图 17-1　Windows 系统错误

在使用 Windows 的时候，系统错误会造成程序意外终止、数据丢失等故障，严重的还会造成系统崩溃。

所以，在使用 Windows 系统时，不仅要保持良好的使用习惯，做好防范措施，还要掌握发生系统错误时恢复电脑的状态的方法。

■ 问答 2：什么是系统恢复？

系统恢复是指当 Windows 遇到问题时，可以将电脑还原到以前某个时间点时的正常状态。系统恢复功能自动监控系统文件的更改和某些程序文件的更改，记录并保存更改之前的状态信息。系统恢复功能会自动创建易于标记的还原点，使得用户可以将系统还原到以前的状态。

还原点是在系统发生重大改变时（例如安装程序、更改驱动等）创建，同时也会定期（比如每天）创建。此外，用户还可以随时创建和命名自己的还原点，从而方便用户进行恢复。

■ 问答 3：什么是系统备份？

系统备份是指将现有的 Windows 系统保存在备份文件中，这样在发生错误时，可以将备份的 Windows 系统还原到系统盘中，覆盖掉已发生故障的 Windows 系统，从而使系统可以继续正常工作。

■ 问答 4：什么是 Ghost 备份？

Ghost 备份不仅是系统的备份，也是整个系统分区的备份，比如 C 盘。Ghost 备份是完整地将整个系统盘中的所有文件都备份到 *.GHO 文件中，在发生错误时，再将 *.GHO 文件中备份文件还原到系统盘，从而使电脑快速地继续工作。

■ 问答 5：系统恢复、系统备份和 Ghost 备份有何区别？

系统恢复、系统备份和 Ghost 备份的区别如表 17-1 所示。

表 17-1　系统恢复、系统备份和 Ghost 备份的区别

	系 统 恢 复	系统备份	Ghost 备份
恢复对象	核心系统文件和某些特定文件	系统文件	分区内所有文件
是否能够恢复数据（比如照片、Word 文档）	否	否	是
是否能够恢复密码	否	是	是
需要的硬盘空间	400 MB	2 GB	10 GB（视系统分区大小）
是否能自定义大小	可以（最小 200 MB）	不能	可以通过压缩减少占用的硬盘空间
还原点的选择	几天内任意时间（可自定义还原时间）	备份时	备份时
是否需要管理员权限	是	是	否
是否影响电脑性能	否	否	否
是否需要手动备份	否	是	是

17.1.2　一些特殊系统文件的恢复

问答 1：如何恢复丢失的 rundll32.exe 文件？

rundll32.exe 程序是执行 32 位的 DLL（动态链接库）文件，它是重要的系统文件，缺少了它，一些项目和程序将无法执行。不过由于它的特殊性，致使它很容易被破坏。如果用户在打开控制面板里的某些项目时出现 "Windows 找不到文件 'rundll32.exe'……" 的错误提示，此时可以通过修复丢失的 rundll32.exe 文件来恢复 Windows。rundll32.exe 程序错误提示如图 17-2 所示。

图 17-2　rundll32.exe 程序错误

恢复 rundll32.exe 的方法如下。

（1）将 Windows 安装光盘插入你的光驱，然后依次单击 "开始→运行"。

（2）在 "运行" 对话框中输入 "expand G:\i386\rundll32.ex_ C:\Windows\system32\rundll32.exe" 命令，并按〈Enter〉键，执行。这段输入的代码中 "G:" 为光驱，"C:" 为系统所在盘。

（3）修复完毕后，重新启动系统即可。

问答 2：如何恢复丢失的 CLSID 注册码文件？

CLSID 注册码文件丢失时，不是告诉用户所损坏或丢失的文件名称，而是给出一组 CLSID 注册码（Class IDoridentifier），因此经常会让人感到不知所措。

例如，笔者在 "运行" 对话框中执行 "gpedit.msc" 命令来打开组策略时，出现了 "管理单元初始化失败" 的提示对话框，单击 "确定" 按钮也不能正常地打开相应的组策略。经过检查发现是因为 gpedit.dll 文件丢失所造成的。

具体操作方法是在 "运行" 对话框中执行 "regedit" 命令，打开注册表编辑器。在注册表窗口中依次单击 "编辑→查找"，然后在文本框中输入 CLSID 标识。然后在搜索的类标识中选中 "InProcServer32" 项，接着在右侧窗格中双击 "默认" 项，这时在 "数值数据" 中会看到 "%SystemRoot%\System32\GPEdit.dll"，其中的 GPEdit.dll 就是所丢失或损坏的文件。

这时只要将安装光盘中的相关文件解压或直接复制到相应的目录中，即可完全修复。

问答 3：如何恢复丢失的 NTLDR 文件？

电脑开机时，出现 "NTLDR is Missing　Press any key to restart" 提示，然后按任意键还是出现这条提示，这说明 Windows 中的 NTLDR 文件丢失了，如图 17-3 所示。

在突然停电或在高版本系统的基础上安装低版本的操作系统时，很容易造成 NTLDR 文件的丢失。

图 17-3　NTLDR 文件丢失提示

要恢复 NTLDR 文件，可以在"故障恢复控制台"中进行。具体方法如下。

（1）插入 Windows 安装光盘。

（2）在 BIOS 中将电脑设置为光盘启动。

（3）重启电脑，进入光盘引导页面。按〈R〉键进入故障恢复控制台。

（4）在故障恢复控制台的命令状态下输入"copy G：\i386\ntldr c：\"命令并按〈Enter〉键。这里的"G"为光驱所在的盘符。此时，就将 NTLDR 文件复制到 C 盘根目录下。如果提示是否覆盖文件，则输入"y"，并按〈Enter〉键。

（5）执行完后，输入"EXIT"退出故障恢复控制台。重启电脑，发现 NTLDR 文件丢失的故障已修复。

问答 4：如何恢复受损的 boot.ini 文件？

当 NTLDR 文件丢失时，boot.ini 文件多半也会出现问题。boot.ini 文件受损同样可以在故障恢复控制台中进行修复。

修复 boot.ini 文件的方法如下。

（1）打开故障恢复控制台。

（2）输入"bootcfg /redirect"命令，重建 boot.ini 文件。

（3）执行"fixboot c："命令，重新将启动文件写入 C 盘。

（4）输入"EXIT"，退出故障恢复控制台，重启电脑，发 boot.ini 文件已修复完成。

17.2　实战：利用系统错误修复精灵修复系统错误

除了上面讲的手动修复系统问题外，还可以利用系统错误修复软件自动地进行系统修复。本节介绍一个实用的修复软件"系统错误修复精灵"，该软件在网上可以免费下载。

利用系统错误修复精灵，可以轻松处理系统错误，也让 Windows 不再"野性难驯"。利用系统错误修复精灵修复系统错误的方法如图 17-4 所示。

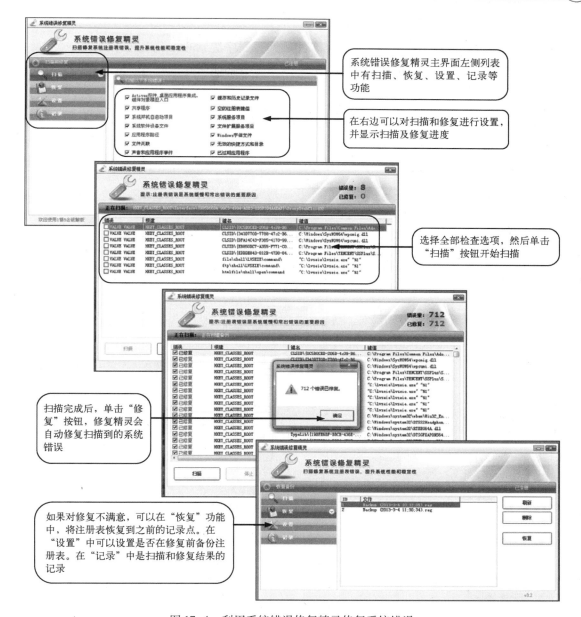

图 17-4　利用系统错误修复精灵修复系统错误

17.3　实战：Windows 系统错误故障维修

17.3.1　未正确卸载程序导致错误

1. 故障现象

一台电脑，在启动时会出现"Error occurred while trying to remove name. Uninstallation has been canceled"错误提示信息。

2. 故障诊断

根据故障现象分析，该错误的信息是未正确卸载程序造成的。发生这种现象的一个最常见的原因是用户直接删除了源程序的文件夹，而该程序在注册表中的信息并未删除。通过在注册表中手动删除可以解决问题。

3. 故障处理

该故障的处理方法如图 17-5 所示。

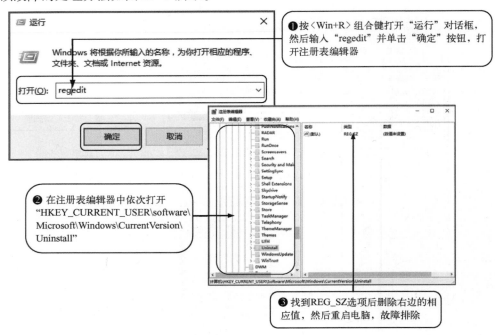

图 17-5　通过注册表编辑器修复卸载程序错误

17.3.2　打开 IE 浏览器总是弹出拨号对话框

1. 故障现象

在使用电脑时，进入 Windows 系统中打开 IE 浏览器后，总是弹出拨号对话框并开始自动拨号。

2. 故障诊断

根据故障现象分析，此故障应该是设置了默认自动连接的功能。一般在 IE 中进行设置即可解决问题。

3. 故障处理

首先打开 IE 浏览器，然后单击"工具→Internet 选项"，在打开的"Internet 选项"对话框中，单击"连接"选项卡，单击选中"从不进行拨号连接"单选按钮，最后单击"确定"按钮即可。

17.3.3　自动关闭停止响应的程序

1. 故障现象

在 Windows 操作系统中，有时候会出现"应用程序已经停止响应，是否等待响应或关闭"提示对话框。如果不操作，则要等待许久，而手动选择又比较麻烦。

2. 故障诊断

在 Windows 侦测到某个应用程序已经停止响应时，会出现这个提示。其实可以让系统自动关闭它，不让系统出现该提示对话框。

3. 故障处理

故障处理方法如图 17-6 所示。

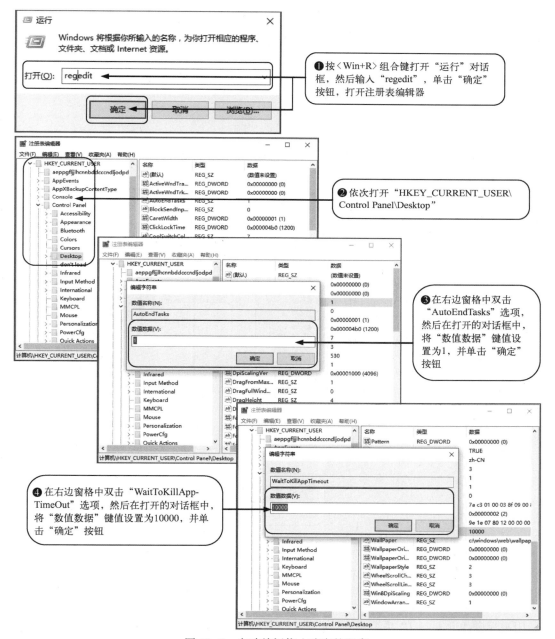

图 17-6　自动关闭停止响应的程序

最后，关闭注册表编辑器，重启电脑进行检测，发现故障已排除。

17.3.4 在 Windows 资源管理器中无法展开收藏夹

1. 故障现象

用户通过 Windows 资源管理器无法展开 "收藏夹"，但是 "库" 和 "计算机" 等可以正常展开。如果单击 "收藏夹" 的话，则能进入它的文件夹，里面的内容并未丢失。使用收藏夹的快捷菜单中的 "还原收藏夹链接" 功能后，问题依旧。

2. 故障诊断

出现这个问题是因为注册表受损了，此时可以通过注册表来解决。

3. 故障处理

故障处理方法如图 17-7 所示。

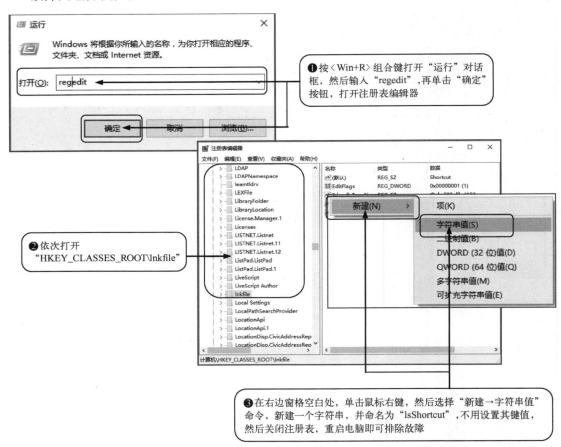

图 17-7 修复在 Windows 资源管理器中无法展开收藏夹的故障

17.3.5 Windows 桌面不显示 "回收站" 图标

1. 故障现象

用户反映 Windows 10 系统桌面上没有 "回收站" 图标。

2. 故障诊断

导致这个故障的原因是病毒或其他原因删除了此图标，此时可以通过设置将回收站图标显示在桌面上。

3. 故障处理

故障处理方法如图 17-8 所示。

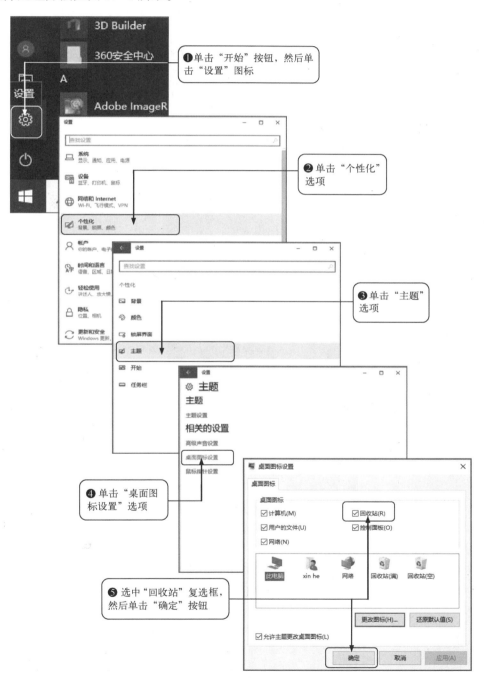

图 17-8　桌面设置

17.3.6 打开程序或文件夹时出现错误提示

1. 故障现象

在打开程序或文件夹时，电脑总提示"Windows 无法访问指定设备、路径或文件"，如图 17-9 所示。

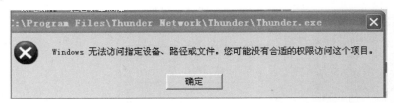

图 17-9 打开程序或文件夹时出现的错误提示

2. 故障诊断

根据故障现象分析，此故障可能是因为系统采用 NTFS 分区格式，并且没有设置管理员权限，或者是因为感染病毒所致。

3. 故障处理

（1）用杀毒软件查杀病毒，未发现病毒。

（2）在打开的"计算机"窗口中的"本地磁盘（C:）"上单击鼠标右键，选择"属性"命令，打开"本地磁盘（C:）属性"对话框，接着单击"安全"选项卡，如图 17-10 所示。

图 17-10 "本地磁盘（C:）属性"对话框

（3）单击"高级"按钮，打开高级安全级别设置对话框，然后单击"添加"按钮，再选择一个管理员账号，完成后单击"确定"按钮。

（4）用这个管理员账号登录即可。

17.3.7　电脑开机后出现 DLL 加载出错提示

1. 故障现象

Windows 系统启动后弹出"soudmax. dll 出错，找不到指定模块"错误提示。

2. 故障诊断

此类故障一般是由病毒伪装成声卡驱动文件造成的。由于某些杀毒软件无法识别这种病毒，也无法有效解决"病毒伪装"的问题，所以系统找不到原始文件，造成启动缓慢，并提示出错。此类故障可以利用注册表编辑器来修复。

3. 故障处理

（1）按〈Win + R〉组合键打开"运行"对话框，然后输入"regedit"并单击"确定"按钮，打开注册表编辑器，如图 17-11 所示。

图 17-11　"运行"对话框

（2）依次展开"HKEY_LOCAL_MACHINE\SOFTWARE\Microsoft\Windows\CurrentVersion\Policies\Explorer\Run"，然后找到并删除 Soundmax. dll 相关的启动项。

（3）依次单击"开始→所有程序→附件→运行"，然后输入"msconfig"并单击"确定"按钮。打开"系统配置"对话框，接着单击"启动"选项卡，寻找与 Soundmax. dll 相关的项目。如果有，则取消勾选（如图 17-12 所示）。修改完毕后，重启计算机，系统提示的错误信息已经不再出现。

图 17-12　"系统配置"对话框

17.4　高手经验总结

经验一：如果在使用电脑时出现错误提示对话框，提示某个应用程序错误，那么可以重启电脑后，重新运行应用程序。如果还是出错，则可以将应用程序卸载，再重新安装。对于应用程序本身问题引起的故障，这种方法可以轻松解决，否则就是系统问题引起的故障了。

经验二：大多数系统错误故障都是由系统文件损坏或注册表问题引起的。一般可以在安全模式中来修复。

第18章

网络故障维修实战

学习目标

1. 掌握上网故障的诊断方法
2. 掌握家用路由器故障的诊断方法
3. 掌握局域网故障的诊断方法
4. 网络故障维修实战

学习效果

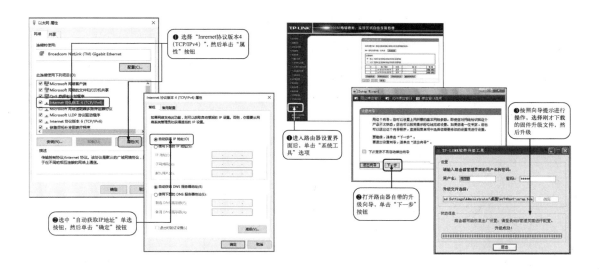

电脑上网已经成为人们生活中不可缺少的活动，但是网络硬件连接又复杂多样，设置更是五花八门，任何环节出现错误都可能导致无法上网，本章将讲解如何解决网络方面的故障问题。

18.1 知识储备

网络方面的故障较复杂，有 ADSL 宽带故障、掉线故障、浏览器故障、路由器故障、局域网故障等，每种故障的表现和诊断方法都不同，下面进行详细分析。

18.1.1 上网故障的诊断及排除方法

问答 1：如何诊断 ADSL 宽带故障？

ADSL 宽带故障的诊断方法如下。

（1）检查电话线有无问题（可以拨打一个电话测试）。如果电话线路正常，接着检查信号分离器是否连接正常（其中，电话线接 Line 口，电话机接 Phone 口，ADSL Modem 接 Modem 口）。

（2）如果信号分离器的连线正常，接着检查 ADSL Modem 的 Power（电源）指示灯是否亮。如果不亮，检查 ADSL Modem 电源开关是否打开，外置电源是否插接良好等。

（3）如果 Power 指示灯亮，接着检查 Link（同步）指示灯状态是否正常（常亮、闪烁）。如果不正常，检查 ADSL Modem 的各个连接线是否正常（从信号分离器连接到 ADSL Modem 的连线接 Line 口，和网卡连接的网线接 LAN 口，且插好）。如果连接线不正常，重新接好连接线。

（4）如果 ADSL Modem 的连接线正常，接着检查 LAN（或 PC）指示灯状态是否正常。如果不正常，检查 ADSL Modem 上的 LAN 插口是否接好。如果接好，接着测试网线是否正常。如果不正常，更换网线；如果正常，将电脑和 ADSL Modem 关闭 30 s 后，重新启动 ADSL Modem 和电脑。

（5）如果故障依旧，打开"设备管理器"窗口（依次单击"控制面板→系统→设备管理器"），在其中双击"网络适配器"下的网卡型号，打开网络适配器属性对话框，然后检查网卡是否有冲突，是否启用。如果网卡有冲突，调整网卡的中断值。

（6）如果网卡没有冲突，接着检查网卡是否接触不良、老化、损坏等，可以用替换法进行检测。如果网卡不正常，维修或更换网卡。

（7）如果网卡正常，接着打开"控制面板→网络和共享中心→更改适配器配置"，在打开的"网络连接"窗口中的"以太网"图标上单击鼠标右键，在快捷菜单中选择"属性"命令，然后打开"以太网属性"对话框。接着选择"Internet 协议版本 4（TCP/IPv4）"选项，再单击"属性"按钮，打开"Internet 协议版本 4（TCP/IPv4）属性"对话框。在该对话框中查看 IP 地址、子网掩码、DNS 的设置，一般都设为"自动获得……"。图 18-1 所示是"Internet 协议版本 4（TCP/IPv4）属性"对话框。

（8）如果网络协议设置正常，则为其他方面的故障。接着检查网络连接设置、浏览器、PPPoE 协议等方面存在的故障，并排除故障。

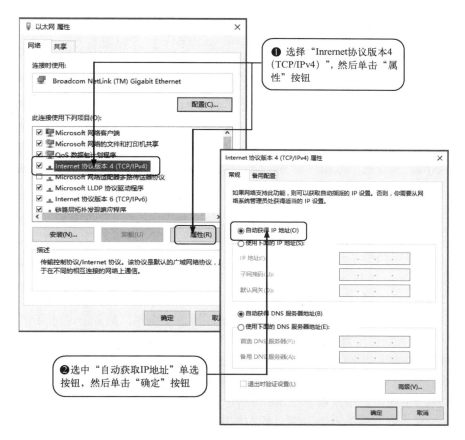

图 18-1　"Internet 协议版本 4（TCP/IPv4）属性"对话框

问答 2：如何诊断上网经常掉线故障？

上网经常掉线故障是很多网络用户经常遇到的。此故障产生的原因比较复杂，总结起来主要有以下几点。

（1）Modem 或信号分离器的质量有问题。

（2）线路有问题，主要包括住宅距离局方机房较远（通常应小于 3000 m），或线路附近有严重的干扰源（如变压器）。

（3）室内有较强的电磁干扰，如无绳电话、空调、冰箱等，有时会引起上网掉线。

（4）网卡的质量有缺陷，或者驱动程序与操作系统不兼容。

（5）PPPoE 协议安装不合理或软件兼容性不好。

（6）感染了病毒。

上网经常掉线故障的诊断方法如下。

（1）用杀毒软件查杀病毒，看是否有病毒。如果没有，接着安装系统安全补丁，然后重新建立拨号连接，建好后进行测试。如果故障排除，则是操作系统及 PPPoE 协议引起的故障。

（2）如果故障依旧，接着检查 ADSL Modem 是否过热。如果过热，将 ADSL Modem 电源关闭，放置在通风的地方散热后再用。

（3）如果 ADSL Modem 温度正常，接着检查 ADSL Modem 及分离器的各种连线是否连接正确。如果连接正确，接着检查网卡。在"系统属性"对话框的"硬件"选项卡中单击"设备管理器"按钮，检查"网络适配器"选项是否有"!"。如果有，将其删除，然后重新安装网卡驱动程序。

（4）如果没有"!"，接着升级网卡的驱动程序，然后查看故障是否消失。如果故障消失，则是网卡驱动程序的问题；如果故障依旧，接着检查周围有没有大型变压器或高压线。如果有，则可能是电磁干扰引起的经常掉线，这就要对电话线及上网连接线做屏蔽处理。

（5）如果周围没有大型变压器或高压线，则将电话线经过的地方和 ADSL Modem 远离无线电话、空调、洗衣机、冰箱等设备，防止这些设备干扰 ADSL Modem 工作，最好不要同上述设备共用一条电源线，接着检测故障是否排除。

（6）如果故障依旧，则可能是 ADSL 线路故障，让通信运营商检查住宅距离局方机房是否超过 3000 m。

问答 3：如何诊断浏览器出现错误提示的故障？

1. 出现"Microsoft Internet Explorer 遇到问题需要关闭……"错误提示

此故障是指在使用 IE 浏览网页的过程中，出现"Microsoft Internet Explorer 遇到问题需要关闭……"的信息提示。此时，如果单击"发送错误报告"按钮，则会创建错误报告；如果单击"关闭"按钮，则会关闭当前 IE 窗口；如果单击"不发送"按钮，则会关闭所有 IE 窗口。

此故障的解决方法如下（在 Windows 10 系统下）。

（1）按〈Win + R〉组合键打开"运行"对话框，然后输入"gpedit. msc"并按〈Enter〉键，打开"本地组策略编辑器"窗口。

（2）在"本地组策略编辑器"窗口的左侧窗格中，依次展开"用户配置→管理模板→Windows 组件"选项。

（3）在右侧窗格中单击"Windows 错误报告"，然后双击右侧的"禁用 Windows 错误报告"。

（4）在弹出的"禁用 Windows 错误报告"对话框中，选择"已启用"单选按钮，最后单击底部的"应用"按钮保存设置即可。

2. 出现"该程序执行了非法操作，即将关闭……"错误提示

此故障是指在使用 IE 浏览一些网页时出现"该程序执行了非法操作，即将关闭……"错误提示。如果单击"确定"按钮，则又弹出一个对话框，提示"发生内部错误……"。单击"确定"按钮后，所有打开的 IE 窗口都被关闭。

产生该错误的原因较多，主要有内存资源占用过多、IE 安全级别设置与浏览的网站不匹配、与其他软件发生冲突、浏览的网站本身含有错误代码等。

此故障的解决方法如下。

（1）关闭不用的 IE 浏览器窗口。如果在运行需占用大量内存的程序，则建议打开的 IE 浏览器窗口数不要超过 5 个。

（2）降低 IE 安全级别。在 IE 浏览器中选择"工具→Internet 选项"命令，单击"安全"选项卡，单击"默认级别"按钮，拖动滑块降低默认的安全级别。

（3）将 IE 升级到最新版本。

3. 显示"出现运行错误，是否纠正错误"错误提示

此故障是指用 IE 浏览网页时，显示"出现运行错误，是否纠正错误"错误提示。如果单击"否"按钮，则可以继续浏览。

此故障可能是所浏览网站本身的问题，也可能是由于 IE 浏览器对某些脚本不支持引起的。

此故障的解决方法如下。

首先启动 IE，执行"工具→Internet 选项"命令，选择"高级"选项卡，选中"禁用脚本调试"复选框，最后单击"确定"按钮。

4. 上网时出现"非法操作"错误提示

此故障是指在上网时经常出现"非法操作"错误提示。此故障可能是数据在传输过程中发生错误，当传过来的信息在内存中错误积累太多时便会影响正常浏览，只能重新调用或重启电脑才能解决。

此故障的原因和解决方法如下。

（1）清除硬盘缓存。

（2）升级浏览器版本。

（3）硬件兼容性差，需要更换不兼容的部件。

问答 4：如何诊断浏览器无法正常浏览网页故障？

1. IE 浏览器无法打开新窗口

此故障是指在浏览网页的过程中，单击网页中的链接，无法打开网页。此故障一般是由于 IE 新建窗口模块被破坏所致。

此故障的解决方法如下。选择"开始→运行"命令，在"运行"对话框中依次执行"regsvr32 actxprxy. dll"和"regsvr32 shdocvw. dll"命令，注册这两个 DLL 文件，然后重启系统。如果还不行，则需要用同样的方法注册 mshtml. dll、urlmon. dll、msjava. dll、browseui. dll、oleaut32. dll、shell32. dll。

2. 联网状态下，浏览器无法打开某些网站

此故障是指上网后，在浏览某些网站时遇到不同的连接错误，导致浏览器无法打开该网站。这些错误一般是由于网站发生故障或者用户没有浏览权限所引起的。

针对不同的连接错误，IE 会给出不同的错误提示，常见的提示信息如下。

（1）404 NOT FOUND

此提示信息是最为常见的 IE 错误信息。一般是由于 IE 浏览器找不到所要求的网页文件，该文件可能根本不存在或者已经被转移到了其他地方。

（2）403 FORBIDDEN

此提示信息常见于需要注册的网站。一般情况下，可以通过在网上即时注册来解决该问题，但有一些完全"封闭"的网站还是不能访问的。

（3）500 SERVER ERROR

显示此提示信息是由于所访问的网页程序设计错误或者数据库错误，只能等对方纠正错误后才能浏览。

3. 浏览网页时出现乱码

此故障是指上网时，网页上经常出现乱码。

造成此故障的原因主要如下。

（1）语言选择不当，比如浏览国外某些网站时，电脑一时不能自动转换内码而出现了乱码。解决这种故障的方法是：在 IE 浏览器上选择"查看→编码"命令，然后选择要显示文字的语言，一般乱码会消失。

（2）电脑缺少内码转换器。一般需要安装内码转换器才能解决。

18.1.2 家用路由器故障的诊断及排除方法

路由器是组建局域网必不可少的设备，无线路由器也越来越多地进入家庭，这使得无线网卡上网、手机 WiFi、平板电脑等无线上网设备的使用越来越方便了。但是路由器的连接故障复杂多样，经常让新手无从下手。其实只要掌握了路由器的一些故障检测技巧，路由器的问题就变得不那么复杂了。

问答 1：如何通过路由器指示灯判断其状态？

判断路由器状态最好的办法就是参照指示灯的状态。注意，每个路由器的面板指示灯不一样，表示的故障也不一样，由此必须参照说明书进行判断。下面以一款 TP-Link 路由器为例，如图 18-2 所示，介绍指示灯亮灭代表的路由器状态，如表 18-1 所示。

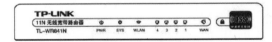

图 18-2　TL-WR841N 无线路由器面板指示灯

表 18-1　TL-WR841N 无线路由器指示灯状态

指示灯	描　述	功　能
PWR	电源指示灯	常灭：没有上电 常亮：上电
SYS	系统状态指示灯	常灭：系统故障 常亮：系统初始化故障 闪烁：系统正常
WLAN	无线状态指示灯	常灭：没有启用无线功能 闪烁：启用无线功能

（续）

指示灯	描　　述	功　　能
1/2/3/4	局域网状态指示灯	常灭：端口没有连接上 常亮：端口已经正常连接 闪烁：端口正在进行数据传输
WAN	广域网状态指示灯	常灭：外网端口没有连接上 常亮：外网端口已经正常连接 闪烁：外网端口正在进行数据传输
QSS	安全连接指示灯	绿色闪烁：表示正在进行安全连接 绿色常亮：表示安全连接成功 红色闪烁：表示安全连接失败

问答 2：怎样知道路由器的默认设定值？

检测和恢复路由器都需要有管理员级权限，只有管理员才能检测和恢复路由器。路由器的管理员账号和密码都默认是"admin"，这在路由器的背面都有标注，如图 18-3 所示。

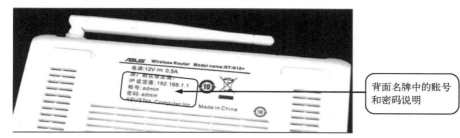

图 18-3　路由器背面的参数

这里还可以看到，路由器的 IP 地址默认设定值为 192. 168. 1. 1。

问答 3：如何恢复出厂设置？

当更改了路由器的密码而又把密码忘记时，或者当多次重启损坏了路由器的配置文件时，就需要恢复功能来使路由器恢复到出厂时的默认设置。

如图 18-4 所示，在路由器上有一个标着"RESET"的小孔，这就是专门用于恢复出厂设置用的。用牙签或曲别针按住小孔内的按钮，持续一小段时间。

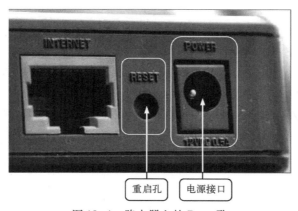

图 18-4　路由器上的 Reset 孔

每个路由器的恢复方法略有不同，有的是按住小孔内的按钮数秒；有的是关闭电源后，按住孔内按钮，持续数秒，再打开电源。这就要参照说明书进行操作了，如果不知道要按多少秒，那就尽量按住 30 s 以上。30 s 可以保证每种路由器都能恢复出厂设置。

■ 问答 4：如何排除外界干扰路由器信号？

有时无线路由器的无线连接会出现时断时续，信号很弱的现象。这可能是因为其他家电产生的干扰，或由于墙壁阻挡了无线信号造成的。

无论商家宣称路由器有多强的穿墙能力，墙壁对无线信号的阻挡都是不可避免的，如果需要在不同房间使用无线路由，最好将路由器放置在门口等没有墙壁阻挡的位置。还要尽量远离电视、冰箱等大型家电，减少家电周围产生的磁场对无线信号的影响。

■ 问答 5：如何将路由器中的软件升级到最新版本？

路由器中也有相关软件在运行，这样才能保证路由器的各种功能正常运行。升级旧版本的软件叫作固件升级，从而弥补路由器出厂时所带软件的不稳定因素。如果是知名品牌的路由器，那么可能不需要任何升级就可以稳定运行。是否需要升级固件取决于路由器在实际使用中的稳定性和有无漏洞。

升级路由器中的软件方法如下。

（1）在路由器厂商的官方网站下载最新版本的路由器固件升级文件。

（2）在浏览器的地址栏中输入"http://192.168.1.1"，按〈Enter〉键，打开路由器设置页面。在"系统工具"中单击"软件升级"，将打开路由器自带的升级向导，如图 18-5 所示。

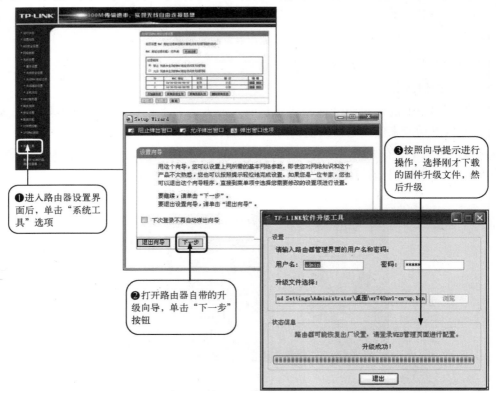

图 18-5　固件升级

如果对升级过程有所了解，也可以不使用升级向导，而是进行手动升级。

问答 6：如何设置 MAC 地址过滤？

如果连接都没有问题，但电脑却不能上网，这有可能是 MAC（Medium/Media Access Control）地址过滤中的设置阻碍了电脑上网。

MAC 地址是存在网卡中的一组 48 bit 的十六进制数字，可以简单地理解为一个网卡的标识符。MAC 地址过滤的功能就是可以限制特定的 MAC 地址的网卡，禁止这个 MAC 地址的网卡上网，或将这个网卡绑定一个固定的 IP 地址，如图 18-6 所示。

图 18-6　设置 MAC 地址

通过对 MAC 地址过滤进行简单设置，阻止没有认证的电脑通过该路由器进行上网，这对无线路由器来说是个不错的应用。

问答 7：忘记路由器密码和无线密码时怎么办？

若用户长时间未登录路由器，会忘记登录密码。如果从未修改过登录密码，那么密码应该是 "admin"。

如果修改过密码，并且忘记了修改后的密码是什么，就只能通过恢复出厂设置来将路由器恢复成为默认设置，再使用 admin 账户和密码进行修改。

忘记了无线密码就简单了，只要使用有线连接的电脑打开路由器的设置页面，就可以看到无线密码。这个无线密码显示的是明码，并不是 "******"，所以可以随时查看。

18.1.3　局域网故障的诊断及排除方法

目前，一般企事业单位和学校都会建立自己的内部局域网，这样既方便实现网络化办公，又可以使局域网中的所有电脑通过局域网连接到 Internet，使每个用户都可以随时上网，还节省费用。局域网虽然方便，但同样会遇到各种网络问题，常见的故障有网络不通等。

局域网不通故障一般涉及网卡、网线、网络协议、网络设置、网络设备等方面，其解决方法如下。

（1）检查网卡侧面的指示灯是否正常

网卡一般有"连接指示灯"和"信号传输指示灯"两个指示灯。正常情况下，"连接指示灯"应一直亮着，而"信号传输指示灯"在信号传输时应不停闪烁。如"连接指示灯"不亮，应考虑连接故障，即网卡自身是否正常，安装是否正确，网线、集线器是否有故障等。

（2）判断网卡驱动程序是否正常

若在 Windows 下无法正常联网，则在"系统属性"对话框中打开"设备管理器"窗口，查看"网络适配器"的设置。若看到网卡驱动程序项目左边标有黄色的感叹号，则可以断定网卡驱动程序不能正常工作。

（3）检查网卡设置

普通网卡的驱动程序大多附带测试和设置网卡参数的程序，查看网卡设置的接头类型、IRQ、I/O 端口地址等参数。若设置有冲突，一般只要重新设置（有些必须调整跳线）就能使网络恢复正常。

（4）检查网络协议

在"本地连接 属性"对话框中查看已安装的网络协议，必须配置好 NetBEUI 协议、TCP/IP 协议、Microsoft 网络的文件和打印机共享等选项。如果以上各项都存在，重点检查 TCP/IP 设置是否正确。在 TCP/IP 属性中要确保每一台电脑都有唯一的 IP 地址，将子网掩码统一设置为"255.255.255.0"，网关要设为代理服务器的 IP 地址（如 192.168.0.1）。另外，必须注意主机名在局域网内也应该是唯一的。最后，用 ping 命令来检测网卡能否正常工作。

（5）检查网线故障

排查网线故障最好采用替换法，即用另一台能正常联网机器的网线替换故障机器的网线。替换后重新启动，若能正常登录网络，则可以确定为网线故障。网线故障一般的解决方法是重新压紧网线接头或更换新的网线接头。

（6）检查 Hub 故障

若发现机房内有部分机器不能联网，则可能是 Hub（集线器）故障。一般先检查 Hub 是否已接通电源或 Hub 的网线接头连接是否正常，然后采用替换法，即用正常的 Hub 替换原来的 Hub。若替换后机器能正常联网，则可以确定是 Hub 发生故障。

（7）检查网卡接触不良故障

若上述解决方法都无效，则应该检查网卡是否接触不良。要解决网卡接触不良的故障，一般采用重新拔插网卡的方法。若还不能解决，则把网卡插入另一个插槽，若处理完后网卡能正常工作，则可确定是网卡接触不良引起的故障。

如果采用以上方法都无法解决网络故障，那么完全可以确定网卡已损坏，只有更换网卡才能正常联网。

18.2 实战：网络故障维修

18.2.1 反复拨号也不能连接上网

1. 故障现象

故障电脑的操作系统是 Windows 10，网卡是主板集成的。使用 ADSL 拨号上网，用使用拨号连接时，显示无法连接，反复重拨仍然不能上网。

2. 故障分析

拨号无法连接，可能是 ADSL Modem 故障、线路故障、账号错误等原因造成的。

3. 故障处理

（1）重新输入账号和密码，连接测试，仍无法连接。

（2）查看 ADSL Modem，发现 ADSL Modem 的 PC 灯没亮，这说明 ADSL Modem 与电脑之间的连接是不通的。

（3）重新连接 Modem 和电脑之间的网线，再拨号连接，发现可以登录了。

18.2.2　设备冲突，电脑无法上网

1. 故障现象

故障电脑的系统是 Windows 7，网卡是主板集成的。重装系统后，发现无法上网，宽带是小区统一安装的长城宽带。

2. 故障分析

长城宽带不需要拨号，也没有 ADSL Modem，不能上网可能是线路问题、网卡驱动问题、网卡设置问题、网卡损坏等导致的。

3. 故障处理

（1）打开控制面板中的设备管理器，查看网卡驱动，发现网卡上有黄色叹号，这说明网卡驱动是有问题的。

（2）查看资源冲突，发现网卡与声卡有资源冲突。

（3）卸载网卡和声卡驱动，重新安装驱动程序并重启电脑。

（4）查看资源，发现已经解决了资源冲突的问题。

（5）打开 IE 浏览器，看到无法上网的故障已经恢复了。

18.2.3　"限制性连接"造成无法上网

1. 故障现象

故障电脑的系统是 Windows 10，网卡是主板集成的。使用 ADSL 上网时，右下角的网络连接经常出现"限制性连接"，从而造成无法上网。

2. 故障分析

造成限制性连接的原因主要有网卡驱动损坏、网卡损坏、ADSL Modem 故障、线路故障、电脑中毒等。

3. 故障处理

（1）用杀毒软件对电脑进行杀毒，问题没有解决。

（2）检查线路的连接，没有发现异常。

（3）打开控制面板中的设备管理器，查看网卡驱动，发现网卡上有黄色叹号，这说明网卡驱动是有问题的。

（4）删除网卡设备，重新扫描安装网卡驱动。

（5）再连接上网，经过一段时间的观察，没有再发生掉线的情况。

18.2.4　一打开网页就自动弹出广告

1. 故障现象

故障电脑的系统是 Windows 10，网卡是主板集成的。最近不知道为什么，只要打开网页就会自动弹出好几个广告，上网速度也很慢。

2. 故障分析

自动弹出广告是电脑中了流氓插件或病毒造成的。

3. 故障处理

安装安全软件，对电脑进行杀毒和清理插件。完成后，再打开网页，发现不再弹出广告了。

18.2.5　上网断线后，必须重启才能恢复

1. 故障现象

故障电脑的系统是 Windows 10，网卡是主板集成的。使用 ADSL 上网，最近经常掉线，掉线后必须重启电脑，才能再连接上。

2. 故障分析

造成无法上网的原因有很多，如网卡故障、网卡驱动问题、线路问题、ADSL Modem 问题等。

3. 故障处理

（1）查看网卡驱动，没有异常。

（2）查看线路连接，没有异常。

（3）检查 ADSL Modem，发现 Modem 很热，推测可能是由于高温导致的网络连接断开。

（4）将 ADSL Modem 放在通风的地方，放置冷却，再将 Modem 放在容易散热的地方，重新连接上电脑。

（5）测试上网，经过一段时间，发现没有再出现掉线的情况。判断是 Modem 散热不理想，高温导致的频繁断网。

18.2.6　公司局域网上网速度很慢

1. 故障现象

公司内部组建局域网，通过 ADSL Modem 和路由器共享上网。最近公司上网速度变得非常慢，有时连网页都打不开。

2. 故障分析

局域网上网速度慢，可能是局域网中的电脑感染病毒、路由器质量差、局域网中有人使用多点下载软件等原因造成的。

3. 故障处理

（1）用杀毒软件查杀电脑病毒，没有发现异常。

（2）用管理员账号登录路由器设置页面，发现传输时丢包现象严重，延迟达到 800 ms。

（3）重启路由器，速度恢复正常，但没过多长时间，又变得非常慢。推测可能是局域网上有人使用 BT 等严重占用资源的软件。

（4）设置路由器，禁止 BT（Bit Torrent，比特流）功能。

（5）重启路由器，观察一段时间后，发现没有再出现网速变慢的情况。

18.2.7　局域网中的两台电脑不能互联

1. 故障现象

故障电脑的系统都是 Windows 7，其中一台是笔记本电脑。两台电脑通过局域网使用 ADSL 上网共享上网，两台电脑都可以上网，但不能相互访问，从网上邻居登录另一台电脑时，提示输入密码，但另一台电脑根本就没有设置密码，传输文件也只能靠 QQ 等软件进行。

2. 故障分析

Windows 系统允许其他人访问，前提是打开来宾账号才能登陆。

3. 故障处理

（1）在被访问的电脑上，打开控制面板。

（2）单击"用户账户"，单击"Guest"账户，将 Guest 账号设置为开启。

（3）关闭选项后，从另一台电脑上尝试登录本机，发现可以通过网上邻居进行访问了。

18.2.8　在局域网中打开网上邻居时，提示无法找到网络路径

1. 故障现象

公司的几台电脑通过交换机组成局域网，通过 ADSL 共享上网。局域网中的电脑打开网上邻居时提示无法找到网络路径。

2. 故障分析

局域网中的电脑无法在网上邻居中查找到其他电脑，用 ping 命令扫描其他电脑的 IP 地址，发现其他电脑的 IP 地址都是通的，这可能是网络中的电脑不在同一个工作组中造成的。

3. 故障处理

（1）在控制面板中打开"系统"窗口。

（2）将电脑的工作组设置为同一个名称。

（3）将几台电脑都设置好后，打开网上邻居，发现几台电脑都可以检测到了。

（4）登录其他电脑，发现有的可以登录，有的不能登录。

（5）检查不能登录电脑的用户账户，将 Guest 来宾账号设置为开启。

（6）重新登录，访问其他几台电脑，发现局域网中的电脑都可以顺利访问了。

18.2.9　代理服务器上网速度慢

1. 故障现象

故障电脑是校园局域网中的一台，通过校园网中的代理服务器上网。以前网速一直正常，今天发现网速很慢，其他电脑也都一样。

2. 故障分析

一个局域网中的电脑全都网速慢，这一般是网络问题、线路问题、服务器问题等造成的。

3. 故障处理

（1）检查网络连接设置和线路接口，没有发现异常。

（2）查看服务器主机，检测后发现服务器运行很慢。

（3）将服务器重启后，再上网测速，发现网速恢复正常了。

18.2.10　上网时网速时快时慢

1. 故障现象

通过路由器组成的局域网中，使用 ADSL 共享上网，电脑网卡是 10/100 Mbit/s 自适应网卡。电脑在局域网中传输文件或上网下载时，网速时快时慢，重启电脑和路由器后，故障依然存在。

2. 故障分析

网速时快时慢，说明网络能够连通，应该着重检查网卡设置、上网软件设置等方面的问题。

3. 故障处理

检查上网软件和下载软件，没有发现异常。检查网卡设置，发现网卡是 10/100 Mbit/s 自适应网卡，网卡的工作速度设置为 Auto。这种自适应网卡会根据传输数据大小自动设置为 10 Mbit/s 或 100 Mbit/s，手动将网卡工作速度设置为 100 Mbit/s 后，再测试网速，发现网速不再时快时慢了。

18.3　高手经验总结

经验一：网络掉线故障通常与路由器、Modem 等设备有关系，可以将这些设备断电重启，此类问题即可解决。

经验二：浏览器方面的故障，通常采用软件故障的排除方法，就是将浏览器卸载，再重新安装。此外，也可以使用其他浏览器来排除系统原因造成的故障。

经验三：通过路由器上网时，最好给网络加密，这样可以防止他人使用网络，以保证网络速度。

第**19**章

病毒和木马故障维修实战

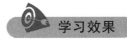
学习目标

1. 了解电脑中病毒后的表现
2. 掌握电脑病毒查杀方法
3. 掌握木马查杀方法
4. 掌握电脑病毒故障维修方法

学习效果

❶ 按〈Win+R〉组合键打开"运行"对话框，然后输入"regedit"，并单击"确定"按钮，打开注册表编辑器

❷ 依次展开HKEY_LOCAL_MACHINE→SOFTWARE→Microsoft→Windows→CurrentVersion，单击RUN子键，看右边窗格中的启动项

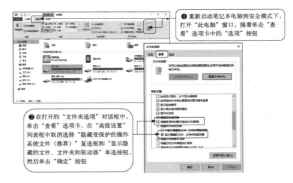

❶ 重新启动笔记本电脑到安全模式下，打开"此电脑"窗口，接着单击"查看"选项卡中的"选项"按钮

❷ 在打开的"文件夹选项"对话框中，单击"查看"选项卡，在"高级设置"列表框中取消选择"隐藏受保护的操作系统文件（推荐）"复选框和"显示隐藏的文件、文件夹和驱动器"单选按钮，然后单击"确定"按钮

你是不是也经常遇到这样的情况：系统无法正常启动、电脑经常死机、提示系统内存不足？其实，很多时候，这些现象都是由病毒引起的，说明病毒已经入侵你的电脑了。本章重点讲解电脑感染木马和病毒故障的维修方法。

19.1 知识储备

19.1.1 认识木马和病毒

问答1：什么是病毒？

所谓电脑病毒，是人为编写的一种特殊的程序，它能通过修改电脑内的其他程序，并把自身"贴"在其他程序之内，从而完成对其他程序的感染和侵害。电脑病毒是人为制造的，存储在存储介质中的一段程序代码。

电脑病毒的主要特性如下。

（1）隐蔽性。隐蔽性是指病毒的存在、传染和对数据的破坏不易被发现。

（2）传染性。传染性是指电脑病毒在一定条件下可以自我复制，能对其他文件或系统进行一系列非法操作，并使之成为一个新的传染源。这是病毒的最基本特征。

（3）破坏性。破坏性是指病毒程序一旦加到当前运行的程序上，就开始搜索可被感染的程序，从而使病毒很快扩散到整个系统上，从而破坏磁盘文件的内容、删除数据、修改文件、抢占存储空间甚至对磁盘进行格式化。

（4）激发性。从本质上讲，电脑病毒是一个逻辑炸弹，只要系统环境满足一定的条件，可通过外界刺激使病毒程序活跃起来。激发的本质是一种条件控制，不同的病毒受外界控制的激发条件也不一样。

（5）不可预见性。不可预见性是指病毒相对于防毒软件永远是超前的，从理论上讲，没有任何杀毒软件能将所有的病毒杀除。

从运作过程来看，电脑病毒可以分为三个部分，即病毒引导程序、病毒传染程序和病毒病发程序。从破坏程度来看，电脑病毒可分为良性病毒和恶性病毒；根据传播方式和感染方式，电脑病毒可分为引导型病毒、分区表病毒、宏病毒、文件型病毒和复合型病毒等。

问答2：什么是木马？

木马也称木马病毒，是指通过特定的程序（木马程序）来控制另一台电脑。木马通常有两个可执行程序：一个是控制端，另一个是被控制端。

木马是目前比较流行的病毒文件，与一般的病毒不同，它不会自我繁殖，也并不"刻意"地去感染其他文件，它通过将自身伪装以吸引用户下载执行，向施种木马者提供打开被种主机的门户，使施种者可以任意毁坏、窃取被种者的文件、密码、股票账号、游戏账号、银行账号等，甚至远程操控被种主机。木马病毒的产生严重危害着现代网络的安全运行。

■ **问答 3：电脑中了木马或病毒后有哪些现象？**

目前电脑病毒的种类很多，电脑感染病毒后所表现出来的"症状"也各不相同。下面针对电脑感染病毒后的常见表现及原因作如下总结。

现象 1：电脑操作系统运行速度减慢或经常死机。有些病毒可以通过运行自己强行占用大量内存资源，导致正常的系统程序无资源可用，进而操作系统运行速度减慢或死机。

现象 2：系统无法启动

系统无法启动具体表现为开机提示启动文件丢失错误信息或直接黑屏。主要原因是病毒修改了硬盘的引导区或删除了某些启动文件。

现象 3：文件打不开或被更改图标

很多病毒都可以直接感染文件，修改文件格式或文件链接，让文件无法正常使用，如"熊猫烧香"病毒就属于这一类，它可以让所有的程序文件图标变成一只烧香的熊猫图标。

现象 4：提示硬盘空间不足。在硬盘空间很充足的情况下，如果还提示硬盘空间不足，则很可能是中了相关的病毒。这一般是病毒复制了大量的病毒文件在磁盘中，而且很多病毒可以将这些复制的病毒文件隐藏。

现象 5：数据丢失。有时候，用户查看刚保存的文件，会突然发现文件找不到了。这种情况一般是由于文件被病毒强行删除或隐藏了。这类病毒中，最近几年最常见的是"U 盘文件病毒"。感染这种病毒后，U 盘中的所有文件夹都会被隐藏，并会自动创建出一个新的同名文件夹，新文件夹名后面会多一个".exe"的后缀。当用户双击新出现的病毒文件时，用户的数据会被删除掉，所以在还原用户的文件前，不要单击病毒文件夹。

现象 6：电脑屏幕上出现异常显示。电脑屏幕会出现的异常显示包括悬浮广告、异常图片等。

19.1.2　查杀木马和病毒

■ **问答 1：在日常防范木马和病毒时须注意什么问题？**

平时使用电脑的过程中要对病毒和木马进行防范，提前防范的效果比任何功能强劲的杀毒软件都好。在日常使用电脑的过程中要注意以下几点。

（1）及时修补 Windows 系统及其他软件的漏洞（安装漏洞补丁）。

（2）安装杀毒软件及安全卫士或个人防火墙，并及时更新病毒库。

（3）不打开不明的邮件，特别是不明邮件中的附件。

（4）尽量不在各种网站下载游戏、软件（特别是各种免费的游戏、软件，记住天下没有免费的午餐）。

（5）取消各个分区的共享设置。

（6）禁用 Guest 用户。有些木马程序就是通过 Guest 用户登录用户电脑的。

（7）设置复杂的用户名和密码。通过设置复杂的用户名和密码让黑客无法破译密码。

问答2：普通病毒该如何查杀？

电脑病毒会破坏文件或数据，造成用户数据丢失或毁损；抢占系统网络资源，造成网络阻塞或系统瘫痪；破坏操作系统等软件或主板等硬件，造成电脑无法启动。因此必须及时发现并清除病毒。

电脑感染病毒后通常会出现异常死机，或程序载入时间增长，文件运行速度下降，或屏幕显示异常（包括屏幕显示出不是由正常程序产生的画面或字符串，屏幕显示混乱），或系统自行引导，或用户并没有访问的设备出现"忙"信号，或磁盘出现莫名其妙的文件和坏块，卷标发生变化，文件字节数发生变化，或打印出现问题，打印速度变慢或打印异常字符，或内存空间、磁盘空间减小，或磁盘访问时间比平时增长，或出现莫明其妙的隐蔽文件，或程序或数据"神秘"丢失了，或系统引导时间增长，或可执行文件的大小发生变化等现象。

当电脑出现上述故障现象后，可以采用下面的方法进行检修。

首先安装最新版的杀毒软件（如360杀毒、卡巴斯基等），然后查杀病毒；杀毒时杀毒软件会自动检查有无病毒，如有病毒，杀毒软件会自动将病毒清除。

问答3：木马病毒该如何查杀？

木马病毒的目的一般是盗取电脑用户的个人秘密、银行密码、公司机密等，而不是为了破坏用户的笔记本电脑，因此电脑感染木马病毒后，系统一般不会出现损坏。只是由于木马病毒在电脑中运行需要占用电脑的资源，因此电脑的速度可能变得比较慢。另外，在不使用电脑的时候，电脑看起来还是很忙。

如果电脑感染木马病毒，可以按照下面的方法进行检修。

（1）安装最新版杀毒软件和安全卫士，然后运行杀毒软件杀毒即可。

（2）手动查找木马病毒。手动查找木马病毒的方法如图19-1所示。

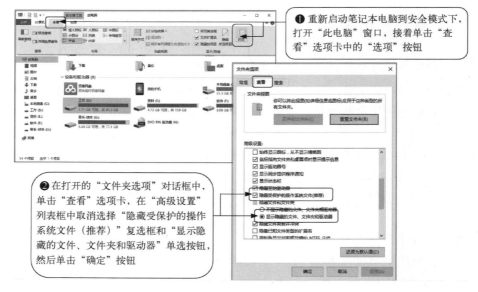

图19-1　手动查找木马病毒

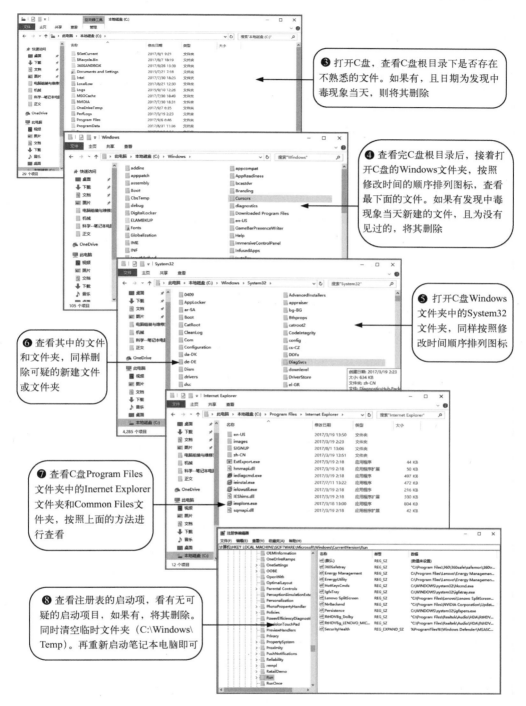

❸ 打开C盘，查看C盘根目录下是否存在不熟悉的文件。如果有，且日期为发现中毒现象当天，则将其删除

❹ 查看完C盘根目录后，接着打开C盘的Windows文件夹，按照修改时间的顺序排列图标，查看最下面的文件。如果有发现中毒现象当天新建的文件，且为没有见过的，将其删除

❺ 打开C盘Windows文件夹中的System32文件夹，同样按照修改时间顺序排列图标

❻ 查看其中的文件和文件夹，同样删除可疑的新建文件或文件夹

❼ 查看C盘Program Files文件夹中的Inernet Explorer文件夹和Common Files文件夹，按照上面的方法进行查看

❽ 查看注册表的启动项，看有无可疑的启动项目，如果有，将其删除。同时清空临时文件夹（C:\Windows\Temp）。再重新启动笔记本电脑即可

图 19-1 手动查找木马病毒（续）

提示：查看注册表启动项的方法如图 19-2 所示。

① 按〈Win+R〉组合键打开"运行"对话框，然后输入"regedit"，并单击"确定"按钮，打开注册表编辑器

② 依次展开HKKEY_LOCAL_MACHINE→SOFTWARE→Microsoft → Windows→Current-Version，单击RUN子键，看右边窗格中的启动项

图19-2　查看注册表启动项

19.2 实战：木马与病毒故障维修

19.2.1 电脑开机后死机

1. 故障现象

一台联想双核笔记本电脑，开始运行一切正常，但突然有一天，启动后不论打开什么程序都会出现死机，笔记本电脑无法正常使用。

2. 故障原因

经了解，用户经常上网，而且笔记本电脑的速度比以前慢很多。根据故障现象分析，笔记本电脑可能是感染病毒，查看用户笔记本电脑上安装的杀毒软件，发现杀毒软件的版本较低。造成此故障的可能原因如下。

（1）感染病毒。

（2）系统损坏。

（3）硬盘有坏道。

（4）硬件间有兼容性问题。

（5）ATX 电源有问题。

（6）CPU 过热。

3. 故障处理

对于此故障应首先检查软件方面的原因，然后检查硬件方面的原因。此故障的检修方法如下。

（1）用杀毒软件的光盘启动笔记本电脑，然后查杀笔记本电脑，发现笔记本电脑中感染了不少病毒。看来，笔记本电脑故障是由于感染病毒引起的。

（2）清除病毒后，接着在启动笔记本电脑时按〈F8〉键，然后选择"最后一次正确的配置"启动笔记本电脑，发现故障依旧。

（3）怀疑病毒破坏了系统文件，接着用恢复盘将系统恢复，恢复系统后发现故障消失。

19.2.2　电脑频繁死机且空闲时 CPU 利用率高达 70%

1. 故障现象

一台电脑，以前运行基本正常，很少发生死机故障，但最近总是频繁无故死机，而且发现即便在不使用的情况下，CPU 的使用率总是高达 70% 以上，有时甚至达到 100%。

2. 故障诊断

由于在不使用的情况下，CPU 的使用率仍在 70% 以上，说明电脑中有后台程序在运行。而病毒一般都是在后台活动的，故怀疑电脑感染病毒的可能性较大。造成此故障的可能原因还有以下几点。

（1）程序软件有问题。

（2）系统损坏。

（3）硬盘有坏道。

（4）硬件间有兼容性问题。

（5）ATX 电源有问题。

（6）CPU 过热。

3. 故障处理

对于此故障应首先检查病毒方面的原因，然后检查其他方面的原因。此故障解决方法如下。

（1）检查电脑中的杀毒软件，发现电脑安装的试用版杀毒软件已经过期。用正版杀毒软件启动盘启动电脑，然后查杀病毒，结果查出很多蠕虫病毒。

（2）将病毒清除，然后进行测试，发现故障消失，CPU 使用率正常。

19.2.3　上网更新系统后电脑经常死机

1. 故障现象

一台电脑，系统运行基本正常，但最近上网时电脑自动进行了更新，更新完成后，电脑运行就不正常，经常发生死机。

2. 故障诊断

根据故障现象分析，由于用户上网更新了系统，因此怀疑故障是由更新系统和网上病毒引起的。造成此故障的原因还可能有以下几点。

（1）系统文件损坏。

（2）程序软件有问题。

（3）硬盘有坏道。

（4）硬件间有兼容性问题。

（5）电源有问题。

（6）CPU 过热。

3. 故障处理

对于此故障应首先检查系统和病毒原因，然后检查其他原因。此故障的解决方法如下。

（1）升级杀毒软件，然后查杀病毒，发现一个病毒，将其清除。

（2）清除后，重启进行测试，发现故障依旧，看来系统可能有问题。

（3）重启电脑，启动时按〈F8〉键，然后在打开的启动菜单中选择"最后一次正确的配置"启动电脑，恢复系统注册表。

（4）启动后，发现故障还是没有排除，接着用系统还原的方法将系统还原，还原后测试电脑，故障消失。看来故障是由于病毒造成系统文件损坏引起的。

19. 2. 4　电脑启动一半又自动重启

1. 故障现象

某公司办公室的一台电脑，运行基本正常，但某一天突然无法启动，总是启动到操作系统的启动界面后，又自动重启。

2. 故障诊断

经了解，此电脑每天都用来上网联系客户，在故障出现前，没有误删除或做过非法操作，而且办公室的其他电脑运行正常。根据故障现象分析，造成此故障的原因主要有以下几点。

（1）感染病毒。

（2）CPU 过热。

（3）电源损坏。

（4）市电电压不稳。

（5）硬盘损坏。

3. 故障处理

根据故障现象分析，由于办公室的其他电脑正常，因此最有可能引起故障的是感染病毒和 CPU 过热。此故障的检修方法如下。

（1）重启电脑，启动时按〈F8〉键，然后选择安全模式，发现可以启动。启动后运行杀毒软件，查杀病毒，查出不少病毒，看来故障可能是病毒引起的。

（2）杀完毒后，重启电脑，但还是无法启动，看来系统文件可能被病毒损坏。接着用启动菜单中的"最后一次正确配置"选项启动电脑，发现还是无法启动。

（3）重新安装系统，安装完后进行检测，电脑运行正常，故障排除。

19. 2. 5　电脑运行很慢

1. 故障现象

一台电脑，开始运行速度很快，但最近发现电脑运行有些异常，而且运行速度特别慢，打开 Windows 资源管理器还要等一会才能显示出窗口中的内容。

2. 故障诊断

经了解，电脑中安装了杀毒软件，但用户一周才升级一次，而且用户每天晚上上网聊天。根据故障现象分析，此故障可能是感染病毒，造成此故障的原因可能有以下几点。

（1）感染病毒。

（2）硬件不兼容。

（3）硬盘有问题。

（4）系统损坏。

3. 故障处理

对于此故障应首先检查病毒等软件方面的原因，然后检查其他原因。此故障的检修方法如下。

（1）启动电脑，将杀毒软件升级，接着运行杀毒软件查杀病毒，结果查出蠕虫病毒。

（2）清除病毒，然后重启电脑进行测试，发现系统运行速度快了，看来是病毒导致电脑运行速度变慢，清除病毒后，故障排除。

19.2.6　局域网中的一台电脑突然无法正常上网且总掉线

1. 故障现象

某公司内部的办公局域网，使用一直正常，但某一天突然发现网络中的一台客户机无法正常上网，总是在上网后 5 min 左右就掉线。但服务器可以正常上网，而且局域网之间可以互相访问。

2. 故障诊断

上网掉线的原因有很多，有软件方面的，也有硬件方面的。根据故障现象分析，由于局域网中服务器可以正常上网，因此可以判断上网的硬件应该没有问题。造成此故障的原因主要有以下几点。

（1）网线太长。

（2）电磁干扰。

（3）网卡问题。

（4）网络协议问题。

（5）感染病毒。

3. 故障处理

对于此故障应首先检查病毒等软件方面的原因，然后检查其他原因。此故障的检修方法如下。

（1）升级局域中的杀毒软件，然后对网络中所有电脑都进行病毒查杀，结果查出了ARP 病毒。

（2）清除电脑的病毒，然后上网进行测试，发现网络中所有电脑都上网正常，故障排除。

19.2.7　电脑无法上网

1. 故障现象

一台电脑，通过 ADSL 宽带网上网，开始使用很正常，但最近上网总是掉线，而且必须重新启动电脑后才能正常上网。

2. 故障诊断

上网掉线的原因很多，有软件方面的，也有硬件方面的。由于最近电信发布了一个关于"魔鬼波蠕虫"病毒会导致掉线的通知，因此重点检查病毒方面的原因。造成此故障的原因可能有以下几点。

（1）ADSL Modem 有问题。

（2）分离器有问题。

（3）网线太长。

（4）电磁干扰。

（5）网卡有问题。

（6）网络协议问题。

（7）感染病毒。

3. 故障处理

对于此故障应首先检查病毒等软件方面的原因，然后检查其他原因。此故障的检修方法如下。

（1）将杀毒软件升级到最新版，然后查杀病毒，结果查出了"魔鬼波蠕虫"病毒，将病毒清除。

（2）清除病毒后，上网测试，发现可以上网了，故障排除。

19.3 高手经验总结

经验一：当不用电脑却发现电脑的硬盘灯不停地闪动时，说明电脑很忙，有可能有人正远程操控电脑或由于电脑中病毒后台一直在工作。这时应对电脑进行病毒查杀和木马查杀。

经验二：当电脑无故死机、操作反应很慢、出现不正常的显示等情况时，说明电脑可能感染了病毒，应对电脑进行杀毒操作。

经验三：最好不要打开不认识的网站，不要登录色情网站，因为这样的网站通常都有木马程序，很容易让电脑感染木马病毒。

推荐阅读

《黑客工具全攻略》
ISBN 号：978-7-111-49934-3
定价：65.00 元（含 1CD）

《黑客攻防大曝光——社会工程学、
计算机黑客攻防、移动黑客攻防
技术揭秘》
ISBN 号：978-7-111-56502-4
定价：89.00 元

《最新黑客攻防从入门到精通》
ISBN 号：978-7-111-49787-5
定价：69.80 元（含 1CD）

推荐阅读

《Word/Excel 办公应用技巧大全》
书号：978-7-111-51537-1　定价：69.80 元（1DVD）

《Word 办公应用技巧大全》
书号：978-7-111-52314-7　定价：69.80 元（1DVD）

《Word/Excel/PowerPoint 办公应用技巧大全》
书号：978-7-111-52382-6　定价：69.80 元（1DVD）

《Excel 办公应用技巧大全》
书号：978-7-111-52902-6　定价：69.80 元（1DVD）